木材科学講座 10
バイオマス

宮藤久士・河本晴雄・梶田真也・亀井一郎 編

海青社

執筆者紹介

(50音順。*印は編集者)

青栁　　　充	広島大学生物資源科学部生命環境学科 准教授	(4章2節)
荒木　　　潤	信州大学繊維学部 教授	(4章1節)
岩田　忠久	東京大学大学院農学生命科学研究科 教授	(4章3節)
宇都木　　玄	森林総研 研究コーディネーター	(3章1, 2節)
榎本　有希子	東京大学大学院農学生命科学研究科 准教授	(4章3節)
大塚　祐一郎	森林総研 森林資源化学研究領域 微生物工学研究室	(7章2節)
岡久　陽子	京都工芸繊維大学繊維学系 准教授	(4章1節)
梶田　真也*	東京農工大学大学院生物システム応用科学府 教授	(3章4節)
上髙原　浩	京都大学大学院農学研究科 教授	(4章1節)
上村　直史	長岡技術科学大学技学研究院物質生物系 准教授	(7章6節)
亀井　一郎*	宮崎大学農学部 教授	(7章4, 5節)
河本　晴雄*	京都大学大学院エネルギー科学研究科 教授	(5章3節)
久保山　裕史	森林総研 東北支所 産官学民連携推進調整監	(2章1節)
栗田　　　学	森林総研 林木育種センター育種部 育種第一課長	(3章3節)
小井土　賢二	森林総研 木材加工・特性研究領域 主任研究員	(5章1節)
神代　圭輔	京都府立大学大学院生命環境科学研究科 准教授	(1章2節)
古俣　寛隆	札幌市立大学デザイン学部 准教授	(2章2節)
陣川　雅樹	森林総研 企画部	(2章3節)
杉村　和紀	京都大学大学院農学研究科 助教	(4章1節)
髙田　依里	森林総研 森林資源化学研究領域 主任研究員	(7章1節)
髙田　昌嗣	東京農工大学大学院生物システム応用科学府 助教	(1章3, 4節)
椿　俊太郎	九州大学大学院農学研究院／カーボンニュートラルエネルギー国際研究所 准教授	(6章6節)
平井　浩文	静岡大学グローバル共創科学部 教授	(7章4節)
渕上　佑樹	三重大学大学院生物資源学研究科 准教授	(2章4節)
細谷　隆史	京都府立大学大学院生命環境科学研究科 准教授	(6章7節)
松下　泰幸	東京農工大学大学院農学研究院 教授	(4章2節)
松永　正弘	森林総研 木材改質研究領域 室長	(6章3節)
南　　英治	京都大学大学院エネルギー科学研究科 准教授	(6章1, 2節)
宮藤　久士*	京都府立大学大学院生命環境科学研究科 教授	(1章1, 3節, 6章5節)
森　　智夫	静岡大学農学部 准教授	(7章3節)
山田　竜彦	森林総研 新素材研究拠点 拠点長	(4章2節, 6章4節)
吉田　貴紘	森林総研 企画部 研究調査官	(5章2節)

1) 国立研究開発法人森林研究・整備機構森林総合研究所

序

　エネルギー・環境問題に端を発した地球規模での温暖化による気候変動がますます深刻化している。その影響は，自然災害の頻発や甚大化，生態系の変化，食糧生産の低下など多方面に及び，様々な対策が必要となってきている。特に，大気中の温室効果ガスの濃度上昇を抑えるための人為的な温室効果ガスの排出量削減は，多国間での合意に基づく対策のひとつである。大気中に排出される温室効果ガスの中でも二酸化炭素は温暖化に対する寄与が大きいとされ，その排出削減が重要な課題となっている。二酸化炭素の発生は，現代社会の基盤を構築している資源のひとつである化石資源の利用によるところが大きく，その排出量削減は容易ではないが，世界各地で様々な試みが行われている。日本においても2050年までに温室効果ガスの排出を全体としてゼロとする，カーボンニュートラルを達成し，脱炭素社会の構築を目指すという目標を掲げている。

　再生可能資源は化石資源の代替として期待されており，本書のタイトルともなっている「バイオマス」も再生可能資源のひとつであると同時に，大気中の二酸化炭素吸収源であり，カーボンニュートラルな資源としてその利用促進が重要であると認識されている。各種バイオマスの中でも木材は重要なバイオマスのひとつで，大学や研究所だけでなく企業も含めて新たな利用技術に関する積極的な研究開発が行われ，一部は実用化段階に達している。

　木材科学講座シリーズは全12巻構成で企画され，これまでに11巻が出版されてきた。本書「バイオマス」は12番目に出版されるもので，これで木材科学講座シリーズのすべてが出版されることとなる。これまでの木材科学講座シリーズでは，木材の材料としての基礎的な性質あるいは応用的利用の観点から著述されてきた。本書では，木材を木質バイオマス資源として捉え，その「生産」および材料視点とは異なる「利用技術」について取り上げている。「生産」に関しては，樹木それぞれの生産性や生産性向上に向けた各種の技術を，「利用技術」では，木材の化学成分利用に関して各種の生物的あるいは化学的変換

技術を取り上げている。

　本書は，生物資源科学，森林資源科学のみならずエネルギー科学や環境科学を学ぶ学生や木質バイオマスを初めて学ぶ方を対象として，全国の大学や研究所の多くの研究者の協力を得て，分かりやすく著述されたものである。本書を通じて，多くの方に木質バイオマスの意義を学んでいただくとともに，関連する様々な技術に関する広範な知識を身につけていただければ幸いである。

2025年2月　編者しるす

木材科学講座 10

バイオマス

| 目　　次 |

目　次

序 1

第1章　木質バイオマス 7
　第1節　バイオマス 7
　第2節　木質バイオマス 11
　第3節　資源・エネルギー問題と木質バイオマス 16
　第4節　地球環境問題と木質バイオマス 22

第2章　木質バイオマス資源 29
　第1節　森林資源 29
　第2節　林産資源 34
　第3節　収集と運搬 38
　第4節　環境影響 45

第3章　木質バイオマス生産 53
　第1節　樹木の生産性について 53
　第2節　早生樹について 57
　第3節　林木育種 61
　第4節　遺伝子改変技術 65

第4章　バイオマテリアル 71
　第1節　セルロース 71
　第2節　リグニン 90
　第3節　ヘミセルロース 106

第5章　熱化学的変換 117
　第1節　直接燃焼 117
　第2節　炭　化 128
　第3節　熱分解・ガス化 133

第6章　化学的変換 141
- 第1節　酸加水分解 141
- 第2節　超臨界流体処理 146
- 第3節　加圧熱水処理 152
- 第4節　加溶媒分解 158
- 第5節　イオン液体処理 161
- 第6節　マイクロ波照射 167
- 第7節　その他 173

第7章　生物化学的変換 179
- 第1節　酵素糖化と前処理 179
- 第2節　エタノール発酵 184
- 第3節　メタン発酵 189
- 第4節　各種発酵 193
- 第5節　担子菌類による木質の糖化発酵 200
- 第6節　細菌によるリグニンの変換 204

そのほかの引用文献 211

索引・用語解説 217

第1章　木質バイオマス

第1節　バイオマス

1.1　バイオマスとは

　バイオマス(biomass)は，生物を意味する「バイオ(bio)」と量を意味する「マス(mass)」からなる言葉であり，「生物現存量」または「生物量」と訳される。生態学分野では，一定空間内に現存する植物や動物などの生物有機体の総量を意味している。しかしながら現在では，この生態学上の意味を超えて資源的な意味も含ませ，様々な廃棄物も含めた生物有機体全般のことをバイオマス(あるいはバイオマス資源)と呼ぶことが多い。石油，石炭などの化石資源も古代の動植物に由来すると考えられているが，現在使われているバイオマスという言葉の範疇には含まないとされている。このバイオマスに対する概念は，地球規模で資源，エネルギー，環境などの諸問題が叫ばれているなか，学術の世界だけでなく，行政機関や民間企業などでも広く受け入れられているもので，本書においても，現状のバイオマスの捉え方に沿って以下に概説する。

1.2　バイオマスの種類

　バイオマスは多種多様であるが，表1-1のように分類される。これまでにも様々な文献でバイオマスの分類がなされるとともに，その説明のための様々な用語が示されている。本書が木材科学講座の一書であることを踏まえて，木材がバイオマスの中のひとつであり，その特徴を捉えるために重要だと考えられる各種バイオマスを表1-1では取り上げている。なるべく多くのバイオマスを示しているが，すべてのバイオマスを網羅しているものではない。

　表1-1に示すようにバイオマスは生産系と未利用・廃棄系に大別される。生

表 1-1 バイオマスの分類

バイオマス	生産系	糖質系	サトウキビ，テンサイなど
		デンプン系	コメ，麦，イモ，トウモロコシなど
		森林系	針葉樹，広葉樹，竹，早生樹など
		草本系	エリアンサス，ジャイアントミスカンサス，ネピアグラスなど
		炭化水素系	樹脂，乳液(テルペン類など)
		油脂系	ナタネ，大豆，パームヤシなど
		水草系	ホテイアオイなど
		海草・海藻系	マコンブ，ジャイアントケルプなど
	未利用・廃棄系	林産系	工場残廃材(端材，オガクズ，樹皮(industrial residual wastes))，建築廃材，林地残材，間伐材(thinned wood)，剪定枝，古紙など
		農産系	もみ殻，稲わら(rice straw)，麦わら，コーンストーバー(corn stover)注1，バガス(bagasse)注2 など
		畜産系	牛，豚，鶏など家畜糞尿，と場残渣など
		水産系	キチン質，水産加工残渣，投棄魚など
		産業系	汚泥，パルプ廃液(pulp waste liquor)，廃食用油など
		生活系	家庭ごみ，厨芥，下水汚泥，廃食用油など

＊NEDO再生可能エネルギー技術白書 第2版 第4章バイオマスエネルギー 2014 などを参照し，バイオマス・エネルギー・環境(2001)アイピーシー，p 61 を改変した。
注1：コーンストーバーとは，トウモロコシの可食部である実以外の部分で，茎，葉，穂軸など全体をまとめて表すものである。
注2：バガスとは，砂糖を作るためにサトウキビを搾汁した後の残渣を指す。

産系にはコメ，麦などをはじめとする農作物が多く含まれている。このような人間にとって食糧として利用可能なバイオマスは，特に「可食性バイオマス(または可食バイオマス，edible biomass)」と呼ばれることがある。食糧として利用できない，樹木や草本類などは「非可食性バイオマス(または非可食バイオマス，non-edible biomass)」と呼ばれる。また，生息域が陸域であるか水域であるかを問わず，様々な生物有機体が含まれる。

　未利用・廃棄系では，「未利用」と「廃棄」をひとつにまとめた用語として示しているが，本来はこの2つの用語は異なる意味を有することから，これらを「未利用系」，「廃棄系」として分けて分類している文献もある。しかしながら，例えば間伐材は重要なバイオマスのひとつであると考えられるが，利用されて廃棄される場合も，未利用のまま廃棄される場合もあることから，ここでは未

利用と廃棄を区分することなくまとめて示している。これら未利用・廃棄系のバイオマスは，生産系のバイオマスが加工されることで発生している場合が多いため，加工工場などにバイオマス資源が集積されており，資源利用を考えた場合，集める手間が省けるといったメリットがある。例えば，もみ殻，稲わらなどのように食糧生産活動に伴って発生するものは，必ず一定のまとまった資源量を確保できるという利用上のメリットがある。また，加工によりサイズが小さくなっていたり，乾燥されていたりする場合もあり，このことが利用上のメリットとなることもある。

1.3 バイオマスの量

バイオマスを資源として利用する際には，その資源量を考慮しなければならない。資源量については，各省庁，都道府県などの行政機関が公表しているデータ，あるいは研究論文や民間の調査会社による報告など，電子媒体も含め様々な文献が国内外に存在している。しかしながら，しばしばそれぞれの文献中で異なった考え方や定義に基づく資源量が示されている。例えば，現に存在している現存量や賦存量，毎年生産される生産量，生産量のうち実際に回収し利用できると考えられる利用可能量などである。また，異なる文献で同じような用語が示されていても，それらの数値を導き出すためのデータの取得方法あるいは算出方法，さらに解析方法なども異なっている場合がある。さらに，計測技術の進歩によるデータの精度向上，土地利用の変化や気候変動の影響などにより資源量の数値は変動していく。したがって，資源量に関しては，利用者がそれぞれの目的に応じて適切な方法でデータ収集および解析を行うことが重要である。

1.4 バイオマスの特徴

上述のようにバイオマスは多様であるが，最も重要な性質のひとつはリニューアブル(再生産可能，renewable)であることであり，化石資源と大きく差別化される特徴である。化石資源はいつか枯渇する可能性があるが，バイオマスは適切に生産，管理，利用を行えば持続的に入手することができる。また，バイオマスのおおよそ共通する特徴として，エネルギーを貯蔵していること，各種の原材料として利用可能なこと，食糧となるものがあることがあげられる。すなわち，植物が光合成を行い，糖を合成する反応は下式のように表され，植

物はこの合成のために太陽の光エネルギーを利用している．したがって得られる糖のほうがエネルギーが高く，バイオマスはエネルギー貯蔵物質であると捉えることができ，このことはすなわちエネルギー物質として利用可能であることを表している．

$$CO_2 + H_2O \xrightarrow{\text{光エネルギー}(\geq 480\,kJ)} 1/6\,(C_6H_{12}O_6) + O_2$$

また，木材などは家具や建材などに利用できるし，油脂などからは石鹸を製造することができ，われわれが必要とする様々なモノの原材料として利用することが可能である．加えて，コメや麦など直接的にわれわれ人間の食糧となるものだけでなく，牧草は牛の餌として，木材がシイタケ栽培に用いられるなど，牧草や木材のような人間が直接的には食糧とできないバイオマスであっても，食糧生産に寄与しうるバイオマスも多数存在している．これらに加えて，後述のようにカーボンニュートラル(carbon neutral)であることもバイオマスの大きな特徴のひとつであり，化石資源(fossil resources)に過度に依存しない持続可能な社会の構築に寄与できるとして期待されている．

1.5　バイオマスの利用

資源，環境，エネルギーなどの様々な社会課題の解決向けて化石資源の利用を少なくし，代替資源としてのバイオマスの利用を促進していくことが重要であると考えられている．しかしながら，地域によって収穫できるバイオマスの種類が異なるので，どの地域にも共通した技術を導入することが必ずしもできない．また，上述のようにエネルギー，材料，食糧としての利用が可能であるが，これらの特徴をバランスよく生かすための土地利用も十分に考慮しなければならない．さらに，生物多様性や生態系保護なども十分に対処しなければならないポイントである．このような視点から，これまでは可食性バイオマスがエネルギーや材料生産のために使われてきたが，今後は非可食性の未利用・廃棄系バイオマスの利用への期待は大きい．その点で端材やオガクズなどの木材からなる木質バイオマスは重要なバイオマスのひとつであると考えられており，社会実装可能な栽培，収穫，利用などに関する様々な技術開発が求められている．

● **主な参考文献**

1) 坂 志朗:"バイオマス・エネルギー・環境", アイピーシー, 61(2001)
2) NEDO「再生可能エネルギー技術白書 第2版 第4章バイオマスエネルギー 2014」https://www.nedo.go.jp/content/100544819.pdf(最終閲覧日2024年8月18日)
3) NEDO「バイオマスエネルギーの地域自立システム化実証事業 バイオマスエネルギー地域自立システムの 導入要件・技術指針 第6版 実践編(木質系バイオマス)」https://www.nedo.go.jp/content/100932084.pdf(最終閲覧日2024年8月18日)

第2節　木質バイオマス

「木質バイオマス(woody biomass)」という用語は様々な分野で広く使われるようになってきている。木質バイオマスは，バイオマスの中の植物由来のバイオマスを表すひとつの用語ではあるが，植物の多様性を考えると厳密に定義することは難しい。既往の文献などで述べられている木質バイオマスのおおよそ特徴は，セルロース，ヘミセルロース，リグニンが含まれている，細胞壁がある，多年生である，大きな個体を有するといったものである。したがって，分類上異なる様々な植物が木質バイオマスに含まれることとなる。バイオマスのうち，針葉樹，広葉樹，タケ類，ヤシ類などに由来するものが「木質バイオマス」と呼ばれることが多いが，本書が木材科学講座の書であることをふまえて，本節では木質バイオマスの中でも特に木材についての説明を行う。木質バイオマスを有効利用するには，森林資源である木材の特徴をよく理解する必要がある。そこで本節では，木材の特徴について概説する。

2.1　樹木という視点からみた木材

木材を利用する際に，本来は樹木として育った植物であるという前提を忘れてはならない。裸子植物には針葉樹類(スギ，ヒノキ，アカマツなど)も含まれ，針葉樹類の木材を針葉樹材(softwood)と呼ぶ。また，被子植物は裸子植物よりも進化していると考えられており，被子植物の双子葉類の木本植物が広葉樹(ミズナラ，ブナ，クリなど)である。広葉樹の木材は広葉樹材(hardwood)であ

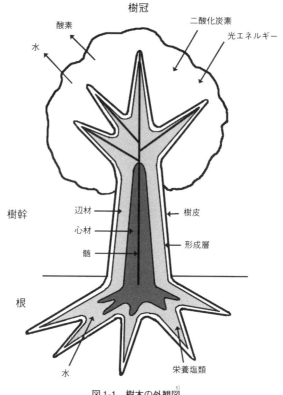

図 1-1　樹木の外観図[1]

り，針葉樹材に比べて広葉樹材の種類は圧倒的に多い。

　図 1-1 に樹木の外観図を示す。樹木は，樹冠(crown)，樹幹(stem)，根(root)から構成される。樹冠では，二酸化炭素，酸素の交換や水分の蒸散，光合成が行われる。地下部では，根を張り巡らせることによって地上部の樹体を支持し，土壌中の水や栄養塩類の吸収を行う。樹幹では，樹冠で生産された光合成同化産物や根で吸収された水，栄養塩類の輸送・貯蔵を担うとともに，地上部の樹体を支える役割も担っている。

2.2　組織構造という視点からみた木材

　一般的に樹幹は木材として利用されることが多い。**図 1-2** にスギの原木と木口面写真を示す。木口面を見ると，外側と内側とで色が異なることがわかる。

図1-2　原木と木口面写真(スギ)

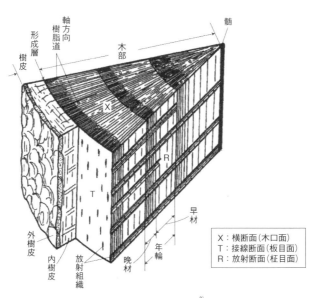

図1-3　樹幹の外観図(針葉樹)[3]

外側の薄い色の部分を辺材(sapwood)、内側の着色した部分を心材(heartwood)と呼ぶ。また、辺材と心材との移行部は移行材と呼ぶ。辺材は根から吸い上げられた水分の移動経路としての機能を果たす。心材は水分通導の機能を停止しており、着色する場合がある。

図1-3に樹幹の外観図を示す。樹幹を輪切りにすると、最外層には外樹皮が

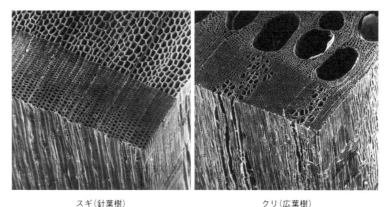

スギ(針葉樹)　　　　　　　　クリ(広葉樹)
図1-4　スギ材(針葉樹)とクリ材(広葉樹)の3断面[4]

存在し，内側に向かって内樹皮，形成層，木部，髄と続いている。この図からも明らかなように，樹幹のほとんどは木部であり，この木部はわれわれが主に木材として利用する部分である。また，木材の基本断面として，横断面(木口面，transverse section (cross section))，放射断面(柾目面，radial section)，接線断面(板目面，tangential section)の3断面がある。樹幹軸に対して垂直な断面である木口面，樹幹軸に対して平行で髄を通る放射方向の断面である柾目面，樹幹軸に対して平行で樹幹の円周に対して接線方向の断面である板目面である。

　樹木には様々な樹種が存在し，それぞれ異なる組織構造を持つことが知られている。一例として，**図1-4**に針葉樹材であるスギ材と広葉樹材であるクリ材の3断面の走査電子顕微鏡写真を示す。両者には明らかな組織構造の違いがあり，その違いが材の重さや硬さの違いに大きな影響を及ぼしている。一般に様々な材料の重さを比べるときには，単位体積あたりの質量が用いられ，これを密度と呼ぶ。この図からも単位体積あたりの細胞壁の量の違いが，樹種による密度の違いを生んでおり，組織構造と密度の間には密接な関係があることがわかる。木材の全乾密度は$0.10 \sim 1.31 (g/cm^3)$のように幅があると報告されている[2]。また，一見して針葉樹材と広葉樹材との間にも組織構造に大きな違いがあることがわかる。仮道管がほとんどを占めるスギ材(針葉樹)に対して，道管，木部繊維，軸方向柔細胞，放射組織などから成るクリ材(広葉樹)である。この

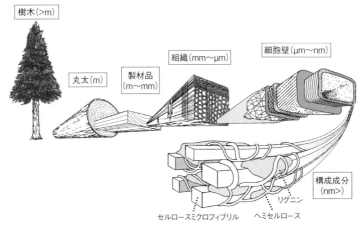

図1-5 木材の階層構造[5]

ように，木材利用にあたっては，針葉樹材と広葉樹材，あるいは樹種による木材組織構造の違いについても十分理解しておく必要がある。

2.3 木材の階層構造

図1-5に各種スケールにおける木材の階層構造の一例を示す。樹木は伸長成長と肥大成長により樹幹が大きくなるが，日本のような温帯や冷温帯などでは，細胞の分裂期と休眠期を繰り返すため丸太には年輪が形成される。木材は製材品のスケールで目にすることがほとんどである。組織スケールにおける樹種による違いは本節においてすでに述べたとおりである。さらにミクロなスケールにおいても非常に複雑な構造を有している。細胞壁スケールにおいて，細胞壁は層構造を成している。黒い線はセルロースミクロフィブリル（セルロース分子の束，cellulose microfibril）を示しており，その周りはマトリックスと呼ばれる物質で覆われている。マトリックスはリグニン（lignin）とヘミセルロース（hemicellulose）とから構成される。細胞壁（cell wall）のうち，二次壁中層が70％以上を占めており，木材の物理的・力学的性質を支配する最も重要な壁層である。二次壁中層における軸方向に対するらせんの傾斜角をミクロフィブリル傾角と呼び，物性解析の重要な指標である。木材の分子オーダーでの構造は鉄筋コンクリートの構造物に例えられる。すなわち，セルロースが鉄筋，リグニン

がコンクリート，ヘミセルロースが鉄筋とコンクリートのなじみをよくする針金の役割を果たし，これらの比率は樹種や部位によっても異なる。このように，木材はマクロな構造からミクロな構造まで非常に複雑な階層構造を有している。木材の物理的・力学的性質を正確に理解するには，木材の階層構造を理解しつつ，生じている事象の原因がどのスケールに由来するのかを把握する必要がある。また，木材の諸性質に影響を及ぼす因子として，本節で述べた密度，異方性，繊維傾斜，階層構造に加えて，節，温度，含水率なども挙げられる。

以上のように考慮すべき点は多いが，樹木として育った植物である木材としての特徴を十分理解され，木質バイオマスの有効利用が進むことを期待したい。

● 主な参考文献

1) 福島和彦ら："木質の形成 第3版"，海青社，17(2024)
2) 日本木材学会編："木材学 基礎編"，海青社，114(2023)
3) 日本木材学会編："木質の構造"，文永堂出版，21(2011)
4) 佐伯 浩："走査電子顕微鏡図説 木材の構造"，社団法人日本林業技術協会，32，76(1982)
5) 堀山彰亮ら："放射光を用いた木材の微細構造解析 —— 木材の物性発現機構の解明に向けて ——"，マテリアルライフ学会誌，35(3)，72-76(2023)

第3節　資源・エネルギー問題と木質バイオマス

3.1　資源・エネルギー問題

資源とは，日常生活や社会・産業活動において必要不可欠な物資を意味し，水資源・森林資源・土地資源・エネルギー資源・鉱物資源などが挙げられる。これら資源は有限であるため，地球全体で持続可能なかたちでの消費が求められると同時に，国・地域といった枠組みでの需要と供給の配分を考える必要がある。

18世紀半ばに興った産業革命以来，人類は資源・エネルギーを大量に消費し，生活の質を高めてきた。その供給源は長きにわたって化石資源が担っており，資源・エネルギー問題や地球環境問題が盛んに提起される現在において

も，一次エネルギーのうち石油が31.5％，天然ガスが23.4％，石炭が26.6％であり，化石資源に依存している[1]（2023年）。これらの資源量として，化石資源の可採年数(R/P)は2020年時点で石油が53.5年，天然ガスが48.8年，石炭が139年となっている[2]。この可採年数とは，年末の埋蔵量(reserves: R)を年間生産量(production: P)で割った数値である。したがって，新しい埋蔵物資源の発見や採掘・開発技術の向上によって数値が増える。しかし，地球上の絶対埋蔵量に限りがあることは事実であり，再生可能な資源が求められる。

とりわけこれら化石資源に乏しく，一次エネルギーの自給率がわずか13.3％[3]（2021年度）と大部分を海外からの輸入に依存しているわが国において，エネルギー資源の安定的な確保は社会活動の維持に必要不可欠である。同時に，エネルギー資源の安定的な確保と自給率の向上は安全保障の観点からも重要な問題である。諸地域での紛争の勃発，大国同士の摩擦など，急速に変容する国際情勢に対応すべく，日本のエネルギー政策は，「S+3E」の安全性(Safety)を大前提として，安定供給(Energy Security)，経済効率性(Economic Efficiency)，環境適合(Environment)を基本方針としている。特に再生可能エネルギーへの比重は年々増加しており，太陽光や風力などを主軸とし，多様なエネルギー源を組み合わせたエネルギーミックスの考え方に基づき，エネルギー源の確保を目指している。その中でも木質バイオマスはわが国の貴重な炭素資源であり，エネルギー資源である。

エネルギーと同様に，化石資源を主原料として賄っているマテリアル(構造材や化学製品)も資源問題を抱えている。したがって，輸入原料に依存することのない，木質バイオマス資源への代替が進められている。

さらに，日本は国土の67％を森林で覆われており，豊富な森林資源・木質バイオマス資源を有すると共に，森林の持つ水源かん養機能(水資源の貯留，洪水の緩和，水質の浄化)の恩恵による豊穣な水資源が備わっている。しかし近年，森林資源の人為的な破壊や，人工林の手入れ不足，里山・平地林，竹林の管理放棄に起因する，水源かん養機能の低下が大きな社会問題となっている。

3.2 マテリアル資源としての木質バイオマス資源

木質バイオマスの資源・エネルギー利用について，マテリアル資源(material resource)とエネルギー源(energy resource)としての側面に分けて簡潔に説明す

る。

樹体の巨大化・高身長化に耐えうるために進化してきた強固な樹木細胞壁の構造をマテリアル資源として巧みに活用した例が，建築用材料(building materials)としての利用である。世界最古の木造建造物である法隆寺に代表されるように，わが国の歴史や文化と密接に関わっている。さらに近年は技術改良に伴い，集成材や直交集成板(cross laminated timber: CLT)といった建築用材料が開発されている。集成材とは，寸法の小さい木材(ラミナ)を接着剤で再構成して作られる材料であり，間伐材や歪みの大きい樹種材でも使える，品質が安定していて反りや隙間がない，といった利点がある。CLTはラミナを並べた後，繊維方向が直交するように積層接着した木質材料で，同じサイズの重量で鉄筋コンクリートが1m^{3}あたり2.4tに対して，CLTは1m^{3}あたりわずか0.5tと，実に1/5ほどで軽量かつ高強度な材料として，幅広く構造材料として利用されている。材料と建物が軽量化できることで，中規模建築での地盤補強の負担や基礎コストが軽減されるほか，輸送機関の燃料や費用の削減にも貢献する。2017年にはカナダ・バンクーバー市内にCLTを用いた18階の木造高層タワー「ブロックコモンズ」が完成した(図1-6)。

図1-6　木造高層タワー「ブロックコモンズ」

細胞壁構成成分の化学構造を活かしたケミカルス利用としては，セルロースナノファイバー(cellulose nanofiber: CNF)の研究が積極的に進められている。CNFは鉄より軽くて優れた強度を持ち，精製する過程で大量の二酸化炭素を排出するため，製鉄原料である鉄鉱石資源の乏しい日本での代替資源として期待は大きい。そのほか，芳香族高分子であるリグニンの化学的特性を利用した，高機能性材料の開発も期待される。

3.3　エネルギー資源としての木質バイオマス資源

木質バイオマス資源からのエネルギー変換も積極的に取り組まれており，その用途に基づき，固体～液体～気体と異なる存在状態での利用法が挙げられる。

固体燃料(solid fuel)としては，薪や木炭が古典的な熱源として利用されてき

た。さらに圧縮成型したペレットやブリケットといった高密度化資源が，その優れた着火性に加え，運搬・取り扱いが容易なため，世界的に流通している。なかでも，半炭化（トレファクション）技術を活用した半炭化ペレットは，木質ペレットに比べて1.3倍ほどエネルギー密度が高く，粉塵爆発のリスクを低減できる特徴から注目されている。そのほか，液体燃料（liquid fuel）と定義される場合もあるが，紙パルプ産業の副産物で主にリグニンから成る黒液は，脱水・濃縮することで，工場の熱源として利用される。またバイオマスの急速熱分解で得られるタール状のバイオオイルも，改質処理により燃料として利用できる。これまで挙げた固体燃料はいずれも熱利用あるいは外燃機関燃料として供給される。

　液体燃料としては，バイオディーゼル，バイオエタノールといった内燃機関用の燃料が挙げられるが，油脂や草本植物が主な原料として用いられており，木質バイオマスからの変換は様々な障壁がある。前者は，原料となる油脂成分は細胞壁に多くは含まれず，原料としては適さない。後者の場合，エタノール原料の基質であるグルコース（ブドウ糖）の供給源となる多糖類（セルロース）の周りをリグニンが覆っているため，何らかの前処理が必要であり，実用化の大きな障壁となる。さらに，エタノールのエチレン変換・重合などで得られるSAF（sustainable aviation fuel）の利用が注目されているが，やはり木質バイオマスは原料に適さない。

　気体燃料（gaseous fuel）としては，バイオガス，熱分解ガス，水素（H_2）ガスが挙げられる。バイオガスはバイオマス等の有機物から微生物発酵により生成したメタン（CH_4）ガスのことで，発電・発熱のためのエネルギー源として利用する。熱分解ガスは，有機物を無酸素状態で加熱することにより生成するガスのことで，CH_4，H_2，二酸化炭素（CO_2），一酸化炭素等の合成ガス（synthesis gas）で発電や蒸気ボイラーの燃料等に利用できる。H_2ガスは，燃焼させて熱エネルギーとして利用する方法と，燃料電池で酸素と反応させることで発電し，二次エネルギーとして利用する方法がある。いずれも利用段階においてCO_2を排出しないクリーンなエネルギーであるが，後者の方が変換におけるエネルギーロスが少なく，効率的である。

3.4 バイオリファイナリー

　化石資源である石油から製造される各種化成品は，我々の生活に欠かせないものとなっている。石油は，その中に含まれている成分を蒸留によりガス，ナフサ，灯油，軽油などに分離し，得られたそれぞれの成分をさらに化学反応させることで，輸送用燃料，アスファルト，プラスチックなどの様々な製品へと変換され利用されている。このような利用形態のことを「オイルリファイナリー」と呼んでいる。

　3.2および3.3で述べたように木質バイオマスもまた，含まれている成分を分離し様々な反応を行うことで各種の製品へと変換でき，マテリアルやエネルギーとして利用することが可能である。そこで，木質バイオマスの成分を分離すること，あるいは分離された成分をさらに別の化合物へと変換させることを総じて「バイオリファイナリー」あるいは「バイオマスリファイナリー」と呼んでいる。このバイオリファイナリーという用語は木質バイオマスに限らず，各種バイオマスに対して広く使われている。木質バイオマスのバイオリファイナリーに関する各種の技術や研究については，4章以降に詳しく述べられている。

3.5 カスケード利用

　木質バイオマス資源は，マテリアルからエネルギーまで，多岐にわたる用途に利用することが可能である。しかし，木質バイオマスの質に応じて，品質の良い・価値の高いものから順に多段的に使い，最後は燃料としてエネルギー利用するところまで使い尽くす「カスケード利用(cascade use / utilization)」の考え方が重要である。例えば，立派な木材は，耐久性，耐湿性，加工性，木肌・木目の持つ色合いや質感，肌触りを生かして，建築用材料や家具，工芸品として利用し，加工過程で生じるおがくずや端材は，集成材やパーティクルボードとして利用する。木材の繊維はパルプの原料やファイバーボードに加工し，さらに出てくる質の悪いおがくずや廃材は，オガライトやボイラーの熱源，バイオ燃料などに利用する。このように，カスケード利用の概念を理解した上での木質バイオマス資源の利用が求められる。

3.6 炭素物質循環における木質バイオマス

　木質バイオマスの資源・エネルギー利用について述べてきたが，その議論の根幹にあるのは木質バイオマスの再生可能な特性である。木質バイオマス資源

は主に炭素,酸素,水素から構成され,マテリアル・エネルギーとして利用する場合,主に炭素資源として利用される。したがって,木質バイオマス資源の再生可能な特性を理解するうえで,地球上の炭素物質循環(carbon cycle),およびその中での木質バイオマスの位置付けを理解するのは重要である。

地球生態系では,植物の光合成により低エネルギーレベルのCO_2が高エネルギーレベルのブドウ糖(glucose)へと変換されることで,太陽エネルギーの一部が物質エネルギーとして取り込まれ,ブドウ糖から様々な物質を経て最終的に元のCO_2に戻る間に放出されるエネルギーが生命活動に用いられている。すなわち,植物が太陽エネルギーを汲み上げる一種のポンプの役割を果たすことで,持続的に維持される地球生態系が形成されたのである。バイオマスのエネルギー利用は,この一部を人類のためのエネルギー源として利用しようとするものである。

地球上での炭素量およびその循環量について,IPCCの第6次報告書で見積もられた値を図1-7に示す。地球を大気・陸・海の3部に分けて考え,それらの間を移動する炭素量が見積もられている。まず,大気には8,290億トンの炭素が存在し,その量は毎年40億トンずつ増大しており,温室効果ガス(greenhouse gas)と呼ばれる。部門間の炭素の流れを見ると,陸上植物で毎年

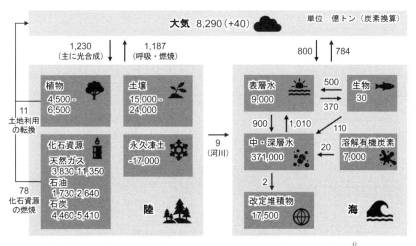

図1-7 地球上の炭素量および循環量(IPCC第5次報告書のデータより作成)

1,230億トンの炭素が光合成により固定され，呼吸や燃焼として1,187億トンが大気に放出される。さらに植物体として固定された炭素と同量の炭素が枯死体として土壌に供給され，土壌での分解・無機化により，再びCO_2として大気中に放出される。このように，自然の状態では大気と陸の炭素の出入りは釣り合った状態にある。ところが，化石資源の燃焼および土地利用の転換により，それぞれ78億トン，11億トンが大気へ放出されており，これが炭素収支の変化に寄与している。なお，海洋中の炭素量は陸上に比べても多いが，大気と海洋間の炭素の出入りは，大気と陸に比べるとやや少ない。以上のことからも，化石資源からの脱却と循環型社会の構築に向けた木質バイオマス資源の重要性が見出される。

● 主な参考文献

1) 72nd Statistical review of world energy, energy institute (2023)
2) 70th Statistical review of world energy, BP statistics (2021)
3) World Energy Balances 2022, International Energy Agency
4) IPCC「第5次評価報告書」(2014年)

第4節　地球環境問題と木質バイオマス

4.1　地球環境問題

地球環境問題 (global environmental issues) とは，地球環境を取り巻く問題の総称であり，気候変動 (climate change)・地球温暖化 (global warming)・大気汚染 (air pollution)・海洋汚染 (marine pollution)・水質汚染 (water pollution)・土壌汚染 (soil pollution)・生物多様性 (biodiversity)・資源の枯渇 (depletion of resources) などに分類される。ここでは，各課題の背景と現状，さらに諸課題の解決に向けて木質バイオマスに期待される役割を説明する。

(1) 気候変動・地球温暖化

地球温暖化とそれに付随する気候変動問題は，平均気温の上昇，海面水位の上昇，雪氷の融解や，大雨・台風等の自然災害の多発・激甚化，災害対応の増加，生態系への影響，エネルギー・食料問題の深刻化，国土面積の減少な

ど，地球規模の課題であるともに，後述の様々な地球環境問題とも強い相関がある。気候変動問題の解決に向けて，2015年にパリ協定が採択され，世界的な平均気温上昇を工業化以前に比べて2℃以下に保つとともに，今世紀後半に温室効果ガスの人為的な発生源による排出量と吸収源による除去量との間の均衡を達成することなどを合意した。この実現に向けて，120以上の国と地域が「2050年カーボンニュートラル」という目標を掲げている。気候変動問題の主要な原因として，大気中の二酸化炭素やメタン(CH_4)，一酸化二窒素(N_2O)などの温室効果ガスが挙げられる。世界の温室効果ガスの総排出量は，2000年から2009年にかけては年平均増加率2.6%，2010年から2019年にかけては年平均増加率1.1%と過去10年間の増加率は鈍化傾向ではあるが，過去10年間の温室効果ガスの総排出量の平均値は過去最高を記録した[1]。つまり，大気中の温室効果ガス濃度は依然として上昇しており，気候変動問題の解決のためには，速やかで持続的な排出削減が必要である。

人為的な温室効果ガスの排出量の大部分はエネルギー供給や産業が占めるが，農業，林業およびその他の土地利用(agriculture, forestry and other land use: AFOLU)からの排出量も人為起源GHG総排出量の約22%を占めている(図1-8)[2]。AFOLUの中で排出量の多い排出源は「土地の利用の変化と林業」，「反芻動物の腸内発酵」，「管理された土壌と牧草地」の順である。51%を占める「土地の利用の変化と林業」は，森林減少，木材の収穫，土地利用の転換およ

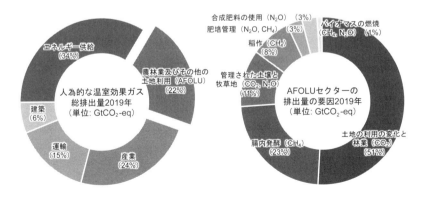

図1-8　人為的な温室効果ガス総排出量およびAFOFUセクターの排出量の要因
（IPCC 第6次報告書 WG3 を元に作成）[2]

び泥炭地火災などにより，バイオマスとして蓄積していた森林中の炭素がCO_2の形で大気中に放出されたものであり，持続可能な森林資源の確保も重要な課題である。

(2) 大気汚染

自動車，飛行機，船などの旅客・貨物輸送や工場から排出される化学物質に起因する大気汚染は，酸性雨・光化学スモッグ・PM 2.5 などの原因となる。

(3) 海洋汚染・水質汚染

海洋ごみやマイクロプラスチックによる海洋汚染は，海の生物や海洋環境への影響・漁業への影響・船舶航行への障害・沿岸地域の居住環境への影響などの問題を誘引している。水質汚染は，人間の生活や産業活動によって汚濁・汚染される環境問題であり，海洋のみならず湖沼や河川も含まれる。

(4) 土壌汚染

土壌汚染とは，人間活動で排出された有害物質が，土壌に蓄積される状態のことであり，トリクロロエチレンやベンゼンなどの揮発性有機化合物や，鉛，ヒ素，クロムなどの重金属によっても引き起こされる。土壌汚染は水質汚染や生物多様性の損失といった他の地球環境問題とも相互に関係する。

(5) 生物多様性の損失

生物多様性とは，自然生態系を構成する植物，動物，微生物など地球上の豊かな生物種の多様性とその遺伝子の多様性，そして地域ごとの様々な生態系の多様性を意味する包括的な概念である1)。生物多様性は生態系，種，遺伝子の3つの階層で捉えられることが多い。われわれの生活は，食料や水資源，気候の安定など，生物多様性を基盤とする生態系から得られる恵み「生態系サービス」で支えられている。国連の主導で行われた「ミレニアム生態系評価」では，生態系サービスを「供給サービス(食料，水，遺伝資源など)」，「調整サービス(大気質調整，気候調整など)」，「文化的サービス(自然景観の保全など)」，「基盤サービス(生息・生育環境の提供，遺伝的多様性の維持など)」の4つに分類している[3]。このように生物多様性は人類の生存を支え，人類に様々な恵みをもたらすものである。

(6) 資源の枯渇

前節で論じたとおり，水資源・森林資源・土地資源・エネルギー資源・鉱物資

源といった資源量には限りがある。従来の大量生産・大量消費型の社会システムは大量の廃棄物を生み出し，健全な物質循環を阻むため，持続可能な資源利用のかたちを形成することが求められる。

4.2 地球環境問題の解決に向けて木質バイオマスに期待される役割

このような地球環境問題の解決に向けて，木質バイオマス資源が期待される機能・理由について大きく分類すると，1) カーボンニュートラルな特性，2) 水源かん養機能 (water source irrigation) と里地里山 (satoyama landscape) 環境の提供，の2点が挙げられる。それぞれの観点から，環境問題の解決に資する要素を説明する。

(1) カーボンニュートラル

気候変動・地球温暖化問題の解決という意味で，木質バイオマスの持つカーボンニュートラルな特性が重要となる。カーボンニュートラルとは，温室効果ガスの排出量と吸収量が均衡している状態のことを指す。森林を構成する個々の樹木等は，光合成によって大気中の二酸化炭素の吸収・固定を行っている。具体的な炭素循環における木質バイオマス資源の位置付けは前節3.5を参照されたい。森林から生産される木材をエネルギーとして燃やすと二酸化炭素が発生するが，この二酸化炭素は樹木の伐採後に森林が更新されれば，その成長の過程で再び樹木に吸収されることになる。したがって，木材のエネルギー利用は，大気中の二酸化炭素濃度に影響を与えないというカーボンニュートラルな特性を有している。

地球温暖化・気候変動の解決に向けて，カーボンニュートラルな特性を有する木質バイオマスは，既存の化石資源の代替資源かつ，再生可能性で資源の枯渇の解決に資する。

(2) 水源かん養機能と里地里山環境の提供

森林資源のもうひとつの重要な特性として，水源かん養機能 (水資源の貯留，洪水の緩和，水質の浄化) と里地里山環境の提供が挙げられる。具体的には，山地斜面に降った雨が河川に流出するまでの時間を遅らせ，晴天が続いても渓流の水が枯渇しない，といった雨水の川への流出量の平準化および洪水の緩和といった機能である。同時に森林は土砂の流出や崩壊を防止し，水供給等において大変重要な役割を担っているダムの堆砂を防ぐ働きも備える。これは，気候

変動問題の弊害である異常気象からの被害を緩和・軽減する上で極めて重要である[4]。また，森林土壌の有する水質浄化の特性は，われわれ人類においしい飲料水を提供してくれるほか，土壌汚染や水質汚染を軽減する機能を担っている。さらに，里地里山環境の提供も重要な機能である。里地里山とは，都市と原生的な自然との間に位置し，集落とそれを取り巻く農地（田んぼ），雑木林，ため池，小川などで構成される二次的自然を中心とした地域のことで，原生の自然とは異なる形で存在し，このような環境に適応した固有種や絶滅危惧種をはじめとする多くの野生生物が生息・生育する場所として重要である。

つまり，持続可能な森林管理・経営によって豊かな森林・水資源を守ることで，気候変動問題の弊害である異常気象の被害の緩和に加え，水質汚染や土壌汚染，生物多様性の損失といった諸課題を解決する一助となることが期待される。森林等の吸収源対策として，造林や間伐等の森林の整備・保全，木材および木質バイオマスの利用，農地等の適切な管理，都市緑化等の推進が重要となる。また，これらの対策を推進するため，森林・林業の担い手の育成や林道や資源情報等の生産基盤の整備など，総合的な取組を実施することが求められる。また，土地利用の転換に由来する温室効果ガスの排出量も多いので，持続可能な森林経営の確立による森林資源の確保は，地球温暖化・気候変動問題の点でも極めて重要である。

なお，上述の地球環境問題のうち，大気汚染は木質バイオマスの積極的な利用が解決に寄与することは難しい。しかし，直接燃焼する場合において，特に木質バイオマスの場合，窒素や硫黄成分が極めて微量であるため，直接燃焼の際に窒素酸化物（NOx）や硫黄酸化物（SOx）の排出量が極めて微量という点では，従来の化石資源に比べた利点を有している。

4.3 木質バイオマスの利活用に向けた課題

複合的かつ地球規模の社会課題である地球環境問題や，資源・エネルギー問題の解決に向けて，化石資源の代替としての期待のみならず，森林資源・水資源の涵養や里地里山環境の提供など，木質バイオマスに期待される点を炭素循環の観点も含めて述べてきた。

マテリアルやエネルギーの材料として期待される一方，木質バイオマスの細胞壁は緻密な三次元構造を形成し，様々な前処理に化学的・物理的・生物的に

強い耐性を示す．分解するために大量のエネルギーが必要なため，経済性でも問題が生じる．さらに，絶対的な賦存量を有している木質バイオマスだが，日本のように急峻な森林の場合はその活用法も十分に理解したうえでの活用が重要であることを忘れてはいけない．

　植物が大気中の二酸化炭素を還元し，多糖類と芳香族高分子として固定することで作り出した細胞壁を，われわれ人類が物理的・化学的に巧みに活用することができれば，持続可能なカーボンニュートラル社会の構築に繋がる．

● 主な参考文献

1) 環境省「令和5年版　環境・循環型社会・生物多様性白書」
2) IPCC「第6次評価報告書」(2021年)
3) 環境省自然環境局自然環境計画課「自然の恵みの価値を計る」
　　https://www.biodic.go.jp/biodiversity/activity/policy/valuation/index.html（最終閲覧日 2024年12月20日）
4) 林野庁森林整備部治山課「水源の森をつくり育てる」
　　https://www.rinya.maff.go.jp/j/suigen/suigen/index.html（最終閲覧日 2024年12月20日）

第2章　木質バイオマス資源

第1節　森林資源

1.1　減少を続ける世界の森林資源

木材は，森林に生育する樹木から得られ，再生可能な資源（renewable resources）である。樹木は，大気中のCO_2を光合成によって炭水化物として蓄えて成長するので，地球温暖化を防止するうえで，そうした炭素貯留効果（effect of carbon storage）が注目されている。樹木は，成長とともに大きくなるので，森林の蓄積（樹木の幹材積）は，樹齢とともに増加する。また，森林面積（forest area）が増えれば，蓄積の増加につながる。

世界に約41億haとされる森林は，熱帯45％，亜寒帯27％，温帯16％，亜熱帯11％と，途上国の多い熱帯・亜熱帯に広く分布している[1]。世界の森林面積は減少を続けており，生物多様性喪失の観点から，大きな問題とされてきた。1990年代に780万ha/年であった減少量は，470万ha/年に低下してきたが，世界の森林蓄積（growing stock, stand volume）は，1990年から2020年にかけて30億m^3減少している（**図2-1**）。IPCC[2]によれば，森林の農地等への転換によるCO_2排出は4.9 Gt-CO_2/年とされ，世界の総排出量の1割近くを占めている。このことから

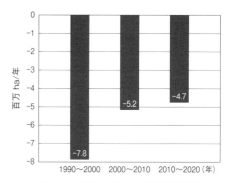

図2-1　世界の森林の年平均減少面積

も，熱帯林等の農地開発の回避・軽減や，荒廃地の森林回復といった取り組みが，極めて重要な課題となっている。

　樹木には，幹と同じくらいの量の炭素が枝葉や根に蓄えられている。さらに，森林の樹木等に蓄えられている炭素は44％にすぎず，残りの56％は土壌中や枯死木，落葉に蓄えられている。なお，持続可能な林業の下では，土壌の炭素は減少しないが，農地開発等によって土地が荒廃した場合，土壌中の炭素も大気中に放出される。つまり，伐採後の森林も含めた土地の管理が重要になる。

　世界の今後の木材供給を考えると，人工林の増加（毎年300万ha）や早生樹等の活用によって供給量を増やすことは可能と考えられるが，森林火災や病虫害の増加を考えると，大幅に増やすのは難しいと思われる。

1.2　充実しつつある日本の人工林資源

　戦後の日本では，人工林資源が乏しい中で，年間4,000万m^3を超える素材生産（logging/log production）が続き，森林資源は荒廃していた（図2-2）。また，外貨不足で木材輸入も制約されたため，木材価格は高騰した。一方，資源造成や治山・治水の緊急性を背景に，毎年20万ha以上の植林が行われ，現在の1千万haを超す人工林資源の造成につながった。

　1960年代には，外材輸入を円滑にするための港湾整備等が行われ，木材価格の上昇には歯止めがかかったが，日本の木材市場は外材に席巻されていった。木材需要（timber demand）は，戦後復興や人口の増加から，1億m^3/年を超えたが，人工林の未成熟や円高の進行によって国産材が競争力を失い，素材生産量は2000年代には1,700万m^3弱にまで低下した。

　この間の森林面積は，1966年の2,517万haから，2022年には2,502万haへと微減にとどまっている。これは，森林が斜面に分布し，農地や住宅等の開発に適さなかったためである。

　2000年代には，樹齢30年以上の人工林が増え，蓄積は20億m^3を超えた（図2-2と2-3）。一方，木材需要は，少子・高齢化の下で8,000万m^3前後へと減少した。2020年代に入ると，人工林の蓄積は35億m^3を超え，利用に適した樹齢50年以上が主となり，素材生産量は3,000万m^3以上に増加してきた。

　スギ中丸太の価格は，1980年の約4万円/m^3をピークに低下し，2000年代後半には12,000円/m^3を割り込んだ。この間，賃金上昇等から伐出コストは

ほぼ変わらず，森林所有者の林業収入となる立木価格（stumpage price＝丸太価格（log price）-伐出・流通コスト）は大きく低下した。その結果，林業経営意欲は低下し，所有者や境界不明の森林が増加した。

最大で2万円/m³以上あった立木価格は，3千円/m³前後まで低下したため，皆伐して用材が300m³/ha生産できたとしても，立木販売収入は90万円/haにすぎなくなった。一方，再造林（reforestation，植林・下刈等）コストは180万円/ha前後かかるので，林業は赤字となっている。実際には，再造林コストの8割前後が補助されるので，森林所有者は皆伐・再造林を実施しているが，自己負担を嫌う

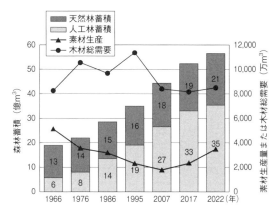

図2-2 森林蓄積と木材需要，国産材供給の推移
出典：農林水産省「木材需給表」，林野庁「森林資源現況表」

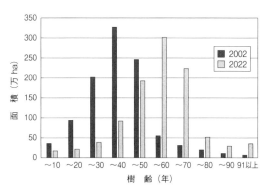

図2-3 人工林の樹齢階（10年）別面積
出典：林野庁「森林資源現況表」

などして天然更新を選択する割合が約7割に上っている。[3]

日本の人工林は，皆伐後に植林を行わなくても灌木や雑草が繁茂するので，荒廃地になる恐れは少ないが，高木層を構成する樹木の稚樹や母樹が存在しない，ササが繁茂しているといった場合には，更新不良が発生しうる[4]。その場合，低蓄積の状態が長期にわたって継続するので，炭素貯留や山地保全，水源涵養の観点からは好ましくないと考えられる。

日本の立木伐採材積は，森林・林業統計要覧によれば，約5千万m³であるが，

森林生態系多様性基礎調査の結果によれば，毎年1.6億m³も森林蓄積が増加している。つまり，日本の森林資源利用率（utilization ratio of forest resources＝伐採材積／（伐採材積＋蓄積増加））は24％と過小であり，森林の炭素蓄積量を増やしつつ，国産材供給を大幅に増やす余地があると考えられる。

1.3　地球温暖化をめぐるやっかいな問題

森林の炭素貯留機能とともに，持続的な林業のもとで生産された木材利用も地球温暖化防止に貢献しうる。建物等に木材を使うことによる炭素貯留効果や，鉄・コンクリート等の代わりに省エネルギー生産できる木材を利用する材料代替効果（material substitution effect），残廃材のエネルギー利用による化石燃料代替効果（energy substitution effect）が知られている。これらは，樹木が蓄えた炭素が伐採後に大気に放出されても，同じ量を再び樹木が吸収固定できること（炭素中立性，カーボンニュートラル）が前提となっている。また，持続的な林業によって生産された木材の利用は，伐採をしない場合よりもCO_2排出削減につながることが示されている（図2-4）。

これに対して，2050年時点のCO_2濃度を一定水準に抑える必要性から，再吸収まで時間がかかると，一時的に大気中のCO_2を増加させかねないことが懸念されている。その評価には，伐採直前の森林の蓄積を基準とし，伐採して減少した森林の炭素量を，「炭素負債（carbon debt）」とする方法が用いられている。これを支持する科学者も多く，伐採がもたらす炭素負債は，上述の木材利用の3つの効果や樹木の再生によっても相殺されないという試算も示されている[6]。そうした試算では，数十年後の炭素1単位の削減（吸収）よりも，現在の1単位の削減（排出抑制）を重視（時間割引）している。

なお，木材のエネルギー利用が急増する中，環境NGOはCO_2排出の増

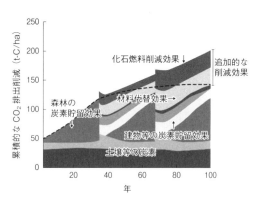

図2-4　持続可能な木材生産・利用の地球温暖化防止効果
出典：USDSA（2020）を筆者改変

加や生物多様性喪失の観点から発電事業の拡大に反対している。実際，発熱量あたりの石炭のCO_2排出係数 101 g-CO_2/MJ に対して，木質バイオマスは 112 g-CO_2/MJ と高く[7]，木質バイオマス発電所の低い発電効率を考えると，その差はさらに拡大する。これに対してEU(欧州連合)は，再生可能エネルギー指令(Renewable Energy Directive: RED)を改定し，助成対象となる施設のGHG削減効果を80％以上に引き上げ，発電だけを行う施設にはBECCS(CO_2の地下等への貯留)を義務づけた。また，生物多様性の保全が必要な地域からの燃料調達や，用材・伐根のエネルギー利用への助成を禁止し，木材のカスケード利用原則を徹底することを決めた。

日本の木質バイオマスは，主に人工林の用材生産に付随して間伐材等が1,030万 m^3 供給され，製材残材等380万 m^3，建設廃材等870万 m^3 というように，カスケード利用が行われている。一方，エネルギー利用の方法としては，大部分が蒸気タービンを用いた発電だけの利用となっていることが課題である。

1.4 循環型のバイオエコノミー(bioeconomy)実現に向けて

地球温暖化防止に向けた木材利用への期待が高まる中，森林資源を拡充する必要性も高まっている。これに対してEUは，森林減少防止規則(EUDR)を制定し，木材だけでなく森林破壊と関係するパーム油等の農産物についても，原産地情報の添付と森林の減少に関与していない事実の確認を義務づけた。日本もクリーンウッド法を改正し，木製品の原産地情報の収集・伝達や合法性の確認を義務づけている。

日本においては，皆伐後の再造林等の植伐の管理をきちんと行いつつ，シカ被害等をコントロールできれば，先述の通り木材生産の拡大余地は非常に大きい。用材生産の拡大とともに，いまだに1,500万 m^3 以上発生している林地残材や，未利用広葉樹林，さらには早生樹の活用などが求められる。ただし，林業の採算性を確保することによって意欲のある森林所有者や林業労働者を確保することがその前提となろう。また，木材の利用に関しては，より価値の高い，また，ライフサイクルを通じたCO_2排出削減効果の大きい用途に活用していくことが求められよう。

● **主な参考文献**

1) FAO："Global Forest Resources Assessment 2020 Main report", FAO, (2020)
2) IPCC："Climate Change and Land", IPCC (2019)
3) 林野庁："森林・林業白書令和3年度版", 林野庁 (2022)
4) 林野庁："確実な更新の確保" https://www.rinya.maff.go.jp/j/keikaku/sinrin_keikaku/attach/pdf/sankouR3.pdf (最終閲覧日 2024/5/29)
5) USDA："Forest carbon graphics" https://www.fs.usda.gov/sites/default/files/2023-carbon-graphic-1.pdf (最終閲覧日 2024/6/11)
6) Liqing Peng. et al.："The carbon costs of global wood harvests", *Nature*, **620**, 44-45 (2023)
7) IPCC："2006 IPCC Guidelines for National Greenhouse Gas Inventories, Volume 2 Energy", IPCC (2006)

第2節　林産資源

2.1　はじめに

　木質バイオマス資源は，森林が適切に管理されている限り，持続的に利用可能な資源である。マテリアル，エネルギーとして広範な用途に活用することで，気候変動の緩和や地域経済の活性化への寄与が期待されている。第2節では，林地残材，間伐材，工場残材，建設発生木材，古紙，黒液(パルプ廃液)を対象とした各種林産資源の発生量，利用量，利用方法等の現状(2024年6月執筆時点)について概説し，今後の課題について述べる。

(1) 林地残材(logging residues)

　林地残材とは，立木を伐採・搬出する際に林地に残される枝・葉・梢端などをいい，林地未利用材と同義である。バイオマス活用推進基本計画(第3次)によれば，2021年4月取りまとめ時点における林地残材の発生量は，乾燥重量で970万t/年である。林地残材の容積密度を$0.4\,\text{t}/\text{m}^3$として換算すると，丸太材積で2425万m^3/年と算出される。利用率は約29％であるため，利用量は703万m^3/年，未利用量は1722万m^3/年となる。**図2-5**に示したように，林

地残材の利用率は2014年の9％から2019年の29％まで一貫して増加している。なお，2010年の調査時点では，林地残材はほとんど未利用であった。この利用拡大の背景には，2012年から開始されたFIT（Feed-in Tariff: 再生可能エネルギーの固定価格買取制度）の影響がある。すなわち，全国各地で林地残材に対する需要が増加し，取引価格が上昇したために，一部の伐採現場においては，搬出や輸送のコストをかけても利益を得ることが可能になったと考えられる。

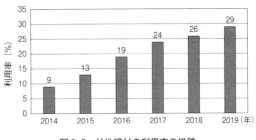

図2-5　林地残材の利用率の推移

(2) 間伐材

間伐とは，成長して込みあった森林を健全な状態に導くため，立木の一部を抜き伐りすることであり，それにより生産された丸太が間伐材である。一方，主伐とは，森林の更新を目的として伐期に達した成熟木を伐ることであり，それにより生産された丸太が主伐材である。図2-6に主・間伐面積および主・間伐材生産量の推移を示した。伐採面積において，間伐の割合は顕著な減少傾向が認められるが，素材生産量に占める間伐材の割合は35％程度を維持している。これら理由として，2011年の間伐助成制度の抜本的見直しの影響が挙げられている[1]。見直しにより，間伐の補助対象から切り捨て間伐が除外され（対象を搬出間伐に限定），間伐面積の下限は5 ha，1 haあたりの搬出量の下限は10 m^{3}となった。さらに，搬出量が増加すると補助金額も増加する仕組みになった。以上に加え，FITの開始により買取価格が最も高い間伐材への需要が増加したことから，発電所向けの木材供給に伴って，用材向け素材生産量が維持されているものと考えられる。丸太の品質については，間伐材，主伐材ともに，全国で丸太の大径化が進んでおり，製材工場においては，今後，大径材も製材可能な設備への更新の必要性が高まると思われる。

(3) 工場残材

2005年に実施された木質バイオマスの利用実態調査において，製材工場，

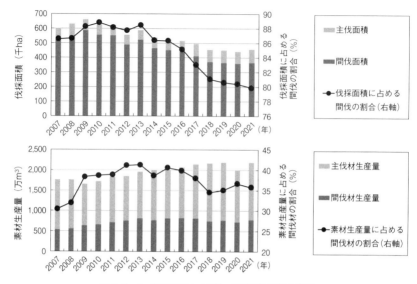

図2-6 主・間伐面積および主・間伐材生産量の推移

単板工場,合板工場,集成材工場,プレカット工場における,樹皮,端材等,おがくず等の発生量と利用量,仕向け先が示されている。これらの工場から,年間1078万m³の残材が発生しており,発生量の多い順に,製材工場の817万m³(75.9%),単板工場の131万m³(12.1%),プレカット工場の52万m³(4.9%)などとなっている。次に,種類別に見ると,多い順に,端材等の578万m³(53.6%),おがくず等の335万m³(31.1%),樹皮の165万m³(15.3%)となっている。代表的な仕向け先は,端材等が木材チップ向け(72.7%),エネルギー利用(17.7%),おがくず等が畜産敷料(56.8%),エネルギー利用(21.1%),樹皮がエネルギー利用(36.4%),堆肥・土壌改良材(27.5%),畜産敷料(17.7%)である。工場残材全体の利用率は94.6%(すなわち,廃棄率が5.4%)であるが,種類別の廃棄率には差がある。廃棄率の高い順に,樹皮(13.5%),おがくず等(5.4%),端材等(3.1%)となっており,樹皮の利用率向上が課題である。なお,製材工場残材の発生と利用については伊神ら[2]に詳しい。

(4) 建設発生木材(construction derived wood residues)

国土交通省の建設副産物実態調査結果に詳細なデータが示されている。最新

の 2018 年度において，建設発生木材は，全国で 5750.4 千 t 発生しており，その内訳は，解体材が 2887.3 千 t，伐木材・除根材（工作物の新築，改築又は除去に伴って生じる伐採木材，伐根材）が 2863.1 千 t である。例えば，湿量基準含水率を前者 20％，後者 50％とし，容積密度をいずれも 0.4 t/m^3 として換算すると，丸太材積で前者が 577 万 m^3/年，後者が 358 万 m^3/年と算出される。解体材の発生割合を工事種類別に見ると，88.0％は建築工事から生じている。同じく伐木材・除根材は，84.8％が土木工事から生じている。ここで，再資源化率とは，建設廃棄物として当該工事現場から搬出された量に対する，再資源化され，再利用された量と他現場での工事でマルチング等に利用された量の合計の割合である。解体材の再資源化率は，建築工事由来が 91.4％，土木工事由来が 78.3％で 13.1 ポイントの違いがある。一方，伐木材・除根材のそれは，建築工事由来が 91.4％，土木工事由来が 93.9％と大きな違いはなく，いずれも高い。

(5) 古　　紙

古紙には 9 つの統計分類と 26 の主要銘柄があり，このうち，3 つの統計分類と 2 つの主要銘柄については標準品質規格が定められ，異物混入，水分の許容割合が示されている。また，雑がみ・オフィスペーパーについては，分別排出基準が設けられている。公益財団法人古紙再生促進センターの資料によれば，2021 年度の古紙回収率は，ヨーロッパが 67％，北米が 68％，アジアが 57％，大洋州が 80％，南米 47％，アフリカ 38％，全世界合計では 60％となっており，日本は 79％である。このように，わが国の古紙回収率は世界的に見て高い。古紙は，板紙向けに 76.7％，紙向けに 23.3％の割合で消費されており，板紙向け古紙の 79.1％は段ボールで消費され，紙向け古紙の 52.0％が新聞，34.8％が模造・色上でそれぞれ消費されている。

(6) 黒　　液（パルプ廃液）

黒液とは，化学パルプであるクラフトパルプを製造する際，リグニンを化学的に分解，溶出する工程（蒸解）から発生する廃液のことで，薬品やリグニン分解物などが 16 〜 22％程度含まれている。黒液は，エバポレーターで 60％以上に濃縮された後に回収ボイラーで燃焼され，燃焼後の溶融物から蒸解薬品が回収されるとともに蒸気からエネルギーが回収される。紙パルプ産業は，電力消費が大きく，パルプ製造および抄紙工程においても多量の中・低圧蒸気を使用

する。そのため，抽気タービンによるコージェネレーション(熱電併給)の導入が一般的であり，日本製紙連合会によれば，2021年における紙パルプ産業のエネルギー総合効率は63.6％である。エネルギー源の構成は，大きい順に黒液(34.8％)，石炭(29.0％)，ガス(9.9％)などとなっており，黒液の割合が最も高い。また，電力消費量に占める自家発電比率は80.4％に達し，この値は，石油製品，窯業土石，化学繊維等他産業を含む全産業で最も高い。

2.2　今後の課題

　木質バイオマス資源の利用は，建築材等品質の高い製品から順に，木質ボード類，紙，燃料へと多段階で利用する"カスケード利用"を基本的な原則とした上で，既存産業ならびにマテリアルとエネルギーの競合を可能な限り生じさせないことが重要である。今日(2021年度)の国産木材供給の29.7％は燃料用途であり，大部分はFIT認定を受けた木質バイオマス発電所向けの需要が占めていると考えられる。全国各地で発電所向け燃料材は取り合いとなっており，実際に，発電所への燃料材の平均輸送距離が増加している。買い取り期間である20年を経過した後には，木材需要の大幅な減少が考えられる。関連産業の生産額減少，地域経済の減退などが想定されることから，発電所向け需要に代わる木材需要の創出が必要である。

● **主な参考文献**

1) 広嶋卓也："全国自治体における「森林管理・環境保全直接支払制度」導入前後の間伐傾向の変化", 森林計画学会誌, **49**(2), 83-93(2016)
2) 伊神裕司, 村田光司："製材工場における木質残廃材の発生と利用", 森林総合研究所研究報告, **2**(2), 111-114(2003)

第3節　収集と運搬

3.1　木材の搬出方法

　急峻な山岳地形の多いわが国の森林では，諸外国のような車両系の大型機械を導入し大規模な作業ができる現場は限られている。現場の状況に合わせ，従来型の機械から先進的な高性能林業機械に至るまで，いくつかの林業機械を組

み合わせて，林内から林道や作業道まで木材を収集し，運搬する方法が一般的である。

伐出作業(立木を伐採し収集する作業)の方法には，全木集材(full tree logging)，全幹集材(tree length logging)，短幹集材(short wood logging)の3つの方法がある(図2-7)。全木集材は，伐採した立木を

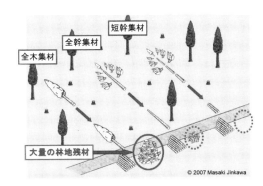

図2-7 わが国の伐出作業の方法

枝や葉が付いたそのままの状態で道端(土場)まで集め，土場で丸太とそれ以外(林地残材)に分けて収集する方法，全幹集材は，林内で枝葉を切り落とし幹だけ集める方法，短幹集材は，林内で枝葉を切り落とし，長さをそろえた丸太の形状に玉切りしてから集める方法である。全幹集材や短幹集材は，不要なものは運ばず，丸太だけを集めるという点で非常に合理的であるが，森林内に残された枝葉や端材などは薄く広く散在しており，これらの林地残材を集めて利用するためには，丸太よりもコストと手間が必要となる。したがって，木材生産に加えバイオマス利用も考慮する場合は，大量の林地残材が一か所に発生する全木集材が有利である。

3.2 森林作業で用いられる林業機械

(1) 伐木造材機械

1) チェーンソー(chainsaw)

チェーンソーとは，エンジンにより鋸刃の付いたソーチェーンを回転させ，立木や丸太，枝などを鋸断する機械である。わが国には1950年ごろに導入され，現在でも森林作業に欠かせない機械として全国で約10万台が普及・使用されている。森林作業に用いられるチェーンソーは，エンジン排気量が30～50ccの2サイクル1気筒エンジンを備え，重量は4～7kgのものが一般的である。小

図2-8 チェーンソー

型・軽量化や安全構造の装備等の改良に加え，労働安全衛生の観点から振動・騒音に対する対策は継続して行われてきており，振動レベルは1～2G，騒音レベルは90～100 dBである。また，造園や家庭園芸等への普及も進み，省力化を目的とした蓄圧式リコイルスタータなどが新たに開発され，森林作業用の機種にも採用されている。

2) ハーベスタ(harvester)，プロセッサ(processor)

ハーベスタは，林内を移動して立木を伐倒し，材の枝払い，玉切りまでの一連の工程(伐木造材作業)を1台の機械で行うことができる車両系機械である。これまで複数人で行っていた伐木造材作業を飛躍的に効率化させた。フォワーダとの組み合わせにより，搬出までの工程を一貫して機械化することができる。しかし，急峻な地形の多いわが国では，ハーベスタが直接林内に侵入できる箇所は限られており，土場における造材作業で使用される場合が多い。

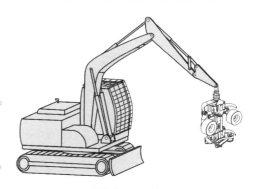

図2-9　ハーベスタ

プロセッサは，全木集材された材の枝払い，玉切りなどの造材作業を行う車両系機械である。土場や林道で行われる造材作業を飛躍的に効率化させ，素材生産の主力機械となっている。ハーベスタと外観は似ているが，チルト機構を備えていないため，伐倒作業は行うことができない。

わが国で普及しているハーベスタやプロセッサのほとんどは，ベースマシンに油圧ショベルが用いられている。

(2) 集材機械

1) 集材機(yarder)

エンジン，動力伝達装置，ワイヤロープを巻き取るドラム，制動装置等を備え，スカイラインによって木材を集材する架線系機械である。戦後の復興期にチェーンソーとともに導入され，木材搬出機械として重要な役割を果たした。

ワイヤロープを林内に張りめぐらせ，面(林地)に散在する木を吊り上げ，点(土場)に集積する作業であり，索張り方式(ワイヤロープを張りめぐらせる方法)が作業能率に大きく影響する。わが国で使用されてきた索張り方式は，バリエーションも含めると100種類を超えるといわれている。

図2-10　集材機

2) タワーヤーダ(tower yarder)，スイングヤーダ(swing yarder)

タワーヤーダは，高い機動性を目的に開発され，人口支柱(タワー)と専用台車(ドラム・エンジン・運転操作部などを搭載)をもった架線系機械である。電子機器によるウインチ制御などの導入により機材の数を減らし，架設撤去の効率化，索張りの単純化を図っている。ワイヤロープを張り上げる高さが集材機に比べ低く，索の本数も少ないことから，集材可能な面域は狭く，ひとつの作業現場で数回の張り替え作業が必要となる。そのため，架線の配置計画の良否が作業能率に影響する。

スイングヤーダは，油圧ショベルをベースマシンとしたタワーヤーダである。

図2-11　タワーヤーダ(左写真)とスイングヤーダ(右写真)

2～3胴のドラムを装備し，簡易な索張りにより地引き集材を行う。集材作業に加えて油圧ショベルとして使用することが可能であり，多目的機械として近年急速に普及している。なお，自重によって負荷を支える構造であるため，長距離や重量物の集材には適さない。

(3) 運搬機械

1) フォワーダ (forwarder)

玉切りされた丸太を荷台に積み込み，運搬する集材用車両であり，積み込み用のグラップルローダを装備している。車両駆動方式には，クローラ式とホイール式とがある。林道・作業道だけでなく林内の走行も可能であり，国内で最も普及している高性能林業機械のひとつであり，木材の運搬機械として広く普及している。ハーベスタやプロセッサと組み合わせて作業システムを構成する。

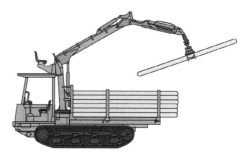

図2-12　フォワーダ

2) 林内作業車 (mini forwarder)

集材・運材を目的にした小型の車両系機械である。小型ウインチを装備し，玉切りされた丸太を引き寄せ，荷台に積み込み，運搬を行う。フォワーダと林内作業車とはグラップルローダの有無によって区別されるが，2トン程度の積載重量を境に大型のものをフォワーダ，小型のものを林内作業車として分類する場合もある。

3.3　バイオマス収集機械

(1) 破砕機

1) 移動式チッパー

　　(縦型，横型，mobile chipper)

林業生産の現場などで用いられるチッパーであり，水平方向から送り

図2-13　移動式チッパー(縦型)

装置を介して原料を投入する横型チッパーと上方から投入する縦型チッパーとがある。破砕機構は，ナイフやハンマーミルを備えたドラムやディスクが回転し，材を破砕する。破砕されたチップは，ベルトコンベヤやシューターを介して箱型トラックなどに投入される。

2) 定置式破砕機 (stationary chipper)

床などに固定された定置式のチッパーであり，小型から大型まで様々な機種があり，その多くは電気で駆動する。工場の設備として組み込まれている場合が多く，一般に移動式チッパーに比べて生産性は高い。

3) 破砕方式とスクリーン

粉砕方式にはカッターナイフによる切削式とハンマーミルによる破砕式がある。切削式は，カッターナイフにより材料を削ってチップ（切削チップ）を作るため，チップ形状が整っており，装置へのチップ投入や移送という点で優れているが，破砕時の土や小石など

図2-14　定置式破砕機

の異物混入によりカッターナイフは損傷を受けやすい。一方，破砕式は，ハンマーミルによって材料をたたき破砕してチップ（ピンチップ）を作るため，異物混入には強く堅牢であるが，チップ形状のばらつきが大きい。

また，チップの大きさは，破砕機構に装備されたスクリーンの目の大きさや

図2-15　切削チップ（左写真）とピンチップ（右写真）

形状によってふるい分けされ，管理される。

(2) バンドリングマシン(bundling machine)

北欧で用いられているバンドリングマシンを小型化した国産バンドラーである。プロセッサ等による造材作業で発生した枝葉や末木を円柱形に圧縮・成形し，丸太と同様にフォワーダで運搬する。作業道などの狭い作業土場に侵入するため，車両は小形にならざるを得ず，十分な生産性を発揮できなかった。

図2-16　国産バンドリングマシン

(3) バイオマス対応型フォワーダ(forwarder for biomass)

フォワーダの丸太運搬機能はそのままに，荷台を左右・上下に伸縮させることによって，かさばる枝葉や末木を圧縮して運搬することができるバイオマス対応型のフォワーダである。林地残材を圧縮しなかった場合の約2.5倍の林地残材を積載することが可能であり，丸太を運搬するフォワーダとしては約3トンの積載重量を有している。

図2-17　バイオマス対応型フォワーダ

(4) 運搬車

チップを輸送する場合は，チップ輸送専用の箱型トラックが必要となる。一方，枝葉や末木を円柱形に圧縮・成形したバンドルは，丸太と同じ形状となるため，木材運搬用のトラックを流用することができる。

3.4　作業システム

林地残材をバイオマス利用する場合，どの段階で林地残材をチップ化するのかにより，使用する機械の組み合わせや生産性，規模に大きく影響する。

図2-18　木材運搬トラックとチップ輸送専用トラック

(1) 現場破砕

移動式チッパーにより土場などの現場において林地残材を破砕し，チップ輸送用のトラックに積載してプラント等の工場へ輸送するシステムである。現場作業となるため，作業条件は厳しく小規模にならざるを得ないが，かさばる林地残材をチップ化して減容するため輸送効率は高い。

(2) 工場破砕

林地残材をそのままの形状あるいはバンドル化してプラント等の工場へ輸送し，工場内の定置式チッパーで破砕するシステムである。現場から工場までの輸送効率は悪いが，工場内で大量にチップ化することができるため，破砕効率は非常に高く，大量生産に適している。

第4節　環境影響

4.1　環境問題への関心の高まり

2015年12月にフランスのパリで開催された国連気候変動枠組み条約締約国会議(COP21)では，2020年以降の温室効果ガス排出削減に関する世界的な取り決めが示された。世界共通の目標として，
・世界の平均気温の上昇を2度ないし1.5度未満に抑えることを目標にする
・今世紀の後半にはカーボンニュートラルを達成する
ことが合意された。いわゆる「パリ協定」である。カーボンニュートラルを

達成する年限に国による差異はあるものの，GDPベースで言えば世界のほとんどの人々が，明確な年限と数値目標を設定し，その達成に向けて温室効果ガス排出量の削減に取り組むことになった。

また，世界共通の大きな社会課題として「持続可能な社会づくり」も認識されている。持続可能性（サステナビリティ）という言葉は，以前は林業や漁業と言った一次産業の分野でよく使われていた。有限な資源を永続的に活用するためには保全と利用を両立する必要があったからだ。この概念が環境問題全般で広く使われるようになったのは，1992年の地球サミットからである。世界の人口が増加し，発展途上国が成長を遂げていく中で，必要とされる資源やエネルギーが増加していった。かたや自然界における資源量には限界があるわけで，そこで持続可能な開発という理念が広く認識されるようになった。将来世代のニーズを満たす能力を損なうことなく，現在の世代のニーズを満たすという考え方である。このような問題提起が20世紀のころからされてきたが，21世紀に入りいよいよ環境問題が深刻化し，貧困や格差の拡大など社会問題も深刻化する中で2015年に開催された「国連持続可能な開発サミット」で採択されたのが，「持続可能な開発のための2030アジェンダ（いわゆるSDGs）」である。持続可能な社会づくりのために重要な環境・社会・経済に関する17の目標が設定され，これらの目標を2030年までに達成することが求められることになった。

パリ協定とSDGsはいずれも2015年にその枠組が採択された。このころから急速に，製品やサービスの環境配慮性やサステナビリティに対する関心が高まってきた。

4.2　ライフサイクルアセスメント

(1) ライフサイクルアセスメントの概要と意義

パリ協定やSDGsには明確な達成目標が設定されている。特にパリ協定においては，年限と数値目標が設定されており，これを達成するためには社会におけるあらゆる製品やサービスなどの消費行動で発生する温室効果ガス量を定量的に把握することが必要となってくる。

この，製品やサービスの環境影響を定量評価する代表的な手法が，ライフサイクルアセスメント（LCA: life cycle assessment）である。LCAでは，製品やサービスのライフサイクル全般（生産，流通，使用，および寿命の末期段階）に関

する潜在的な環境への影響を定量的に評価する。これには生産(原材料, 補助材料, 操業用資材の生産など), 使用, 廃棄(廃棄物の焼却など)の各段階に関連する上流(サプライヤーなど)および下流(廃棄物の管理など)のプロセスも含まれる。木質建材のひとつである合板を例としたライフサイクルのフローの概略を図2-19に示す。原材料である丸太や接着剤の生産・調達プロセス, 工場での合板製造プロセス, 使用プロセス, そして使用後の廃棄またはリサイクルの各プロセスにおける資源やエネルギーの投入量と物質(製品と廃棄物)の排出量を把握し, 資源の消費や物質の排出が, 地球温暖化(気候変動)や大気汚染, 生物多様性, 資源の枯渇といった各種の環境影響項目に対してどれだけの影響を与えるのかを, LCAでは定量的に評価することができる。

合板を例とすると, 合板メーカーが自社製品の環境影響の改善, 一例として地球温暖化対策のために温室効果ガス排出量の削減に取り組むことを考えた場合, ライフサイクルの観点がなければ自社工場の省エネや効率化, すなわち図2-19の合板製造プロセスだけに着目してしまうことになる。仮にこのプロセスからの温室効果ガス排出量の大幅な排出削減が実現したとしても, ライフサイクル全体からの排出削減への貢献度は不明である。このように, ライフサイクルの一部を切り取って環境影響を評価することは妥当とは言えないばかりか, 特定の業界や事業者にとって都合の悪い部分を隠し都合の良い部分だけを誇張して喧伝する, いわゆる「グリーンウォッシュ」との評価にも繋がりかねない

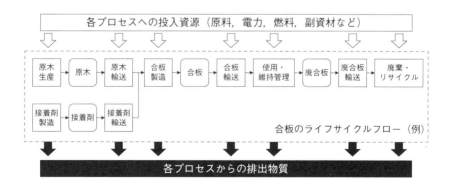

図2-19 合板を例にしたLCAの概念図

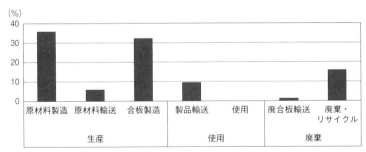

図2-20　合板を例にした温室効果ガス排出量のプロセスごとの内訳
廃棄段階では全量のおよそ96％がリサイクル、4％が焼却とのシナリオを想定。
出典：Kojima et al.(2024)をもとに著者作成

ため、避けるべきである。ライフサイクルを通した環境影響を思考することは、適切な評価を行ううえで必要不可欠である。

では、合板1枚あたりを対象に温室効果ガス排出量をLCAによって算定した結果を図2-20に例示する。合板製造プロセスはライフサイクル全体の3割ほどであり、他にも排出割合が多いプロセスが複数あることがわかる。このように、ライフサイクルを通してデータを収集し評価することによって、サプライチェーン全体の中で、温室効果ガス排出量が特に多いプロセスを特定し、効果的な対策を取ることが可能となる。

なお、異なる製品間で評価結果を比較するためには、算定を行うにあたってのルールが同じかどうかについて細心の注意を払い確認する必要がある。LCA実施の目的は、私たちの活動が自然環境や社会に与える影響を適切に評価することであり、評価結果は評価対象のさらなる環境負荷低減のために用いることが第一義である。

(2) 国際規格

国際標準化機構ではISO14040:2006環境マネジメント－ライフサイクルアセスメント－原則および枠組み、14044:2006環境マネジメント－ライフサイクルアセスメント－要求事項および指針において、LCAを実施するためのガイドラインと要件が提供されている。ISO14040:2006ではLCA調査を以下の4つの段階で構成している。

・目的及び調査範囲の設定

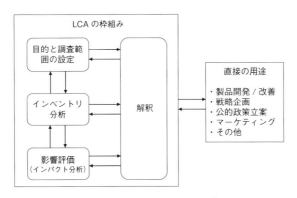

図2-21　LCAの構成段階(ISO14040: 2006 より)[2]

・インベントリ分析
・影響評価
・解釈

これらの各段階は図2-21のような関係性を示しており，各段階を順に作業を行っていく。LCAでは，実施した調査の範囲の相違，インベントリ分析におけるシステム境界の定義，および影響評価における係数の選択などによって，異なる結果が導かれる可能性がある。これらの実施方法による結果への影響を「解釈」で考察し結果をこれまでのステップにフィードバックすることが重要である。LCAは環境影響を定量化することだけで終わるものではなく，その結果を活用して，より環境影響の少ない製品を開発したり，行動を変えていくことが重要である。

また，この2つを参照した関連するISOの規格が存在する。LCAで定量化できる環境影響項目の中でも特に使用される頻度が高いのが，地球温暖化(気候変動)への影響，すなわち温室効果ガス排出量である。ライフサイクルからの温室効果ガス排出量の定量化については，ISO14067: 2018のカーボンフットプリント，ISO14069: 2013の事業者のサプライチェーン排出量がある。この2つの大きな違いが，前者は温室効果ガス排出量を評価する対象が「製品やサービス」であることに対し，後者は表記の通り事業者や企業が対象となっている。

ISO14025: 2006は「環境ラベルと宣言」に関する規格である。この規格に則

り製品のLCAを行い第三者による検証に合格した製品に，EPD（Environmental Product Declaration）が発行される仕組みが日本も含め多くの国で運用されている。EPDが発行された製品はLCAに基づいた信頼性と透明性の高い定量的環境情報を持つ製品として，持続可能な社会づくりのための製品選択における重要な情報を消費者に対して提供する。なお，分野別のEPDの追加的なルールとして，ISO21915: 2020鉄鋼製品，ISO21930: 2017土木・建築がある。前述のISO14067: 2018，ISO14069: 2013とISO14025: 2006では，前者が環境影響項目として地球温暖化のみに特化していたのに対し，後者ではそれ以外の環境影響項目についての評価も行うことが相違点である。ISO21930: 2017が作成されたことからもわかるように，建築分野では建築物のLCAを行うために，建築資材のEPD取得が進んでいる。木質系建材についても例に漏れない。

今世紀後半のカーボンニュートラル達成に向けた地球温暖化対策に特化した評価と，複数の環境影響に対する多面的な評価のいずれも，LCAによって定量的に評価することが可能である。

(3) 木質バイオマスのLCAで考慮すべき点
1) 土地利用，土地利用変化および林業（LULUCF）

LCAにおける環境影響の評価項目には土地利用および土地利用変化（LULUC: land use and land use change）があり，評価対象の製品のライフサイクルにおいて，土地利用の場合は年間あたりの占有利用面積（$m^2 a$），土地利用変化の場合は土地の転換面積（m^2））で定量評価することができる。また，土地利用／土地利用変化に伴う温室効果ガス排出についても定量評価が可能である。先述のISO14067: 2018カーボンフットプリント，ISO 21930: 2017土木・建築，あるいはGHGプロトコル，2006 IPCC Guidanceなど国際的な規格，ガイドラインの多くでは，木質バイオマス製品の温室効果ガス排出量をLCAによって算定する場合，製品のライフサイクルにおいて投入される資源・エネルギー由来の温室効果ガス排出量に加えて，製品の原材料の調達地である森林が貯蔵する炭素の，木材の伐採・収穫による炭素収支の変化量，すなわち土地利用，土地利用変化および林業（LULUCF: land use, land use change and forestry）の影響も評価結果に考慮するべきであるとの考え方が採用されている。

2) 炭素貯蔵量

木質バイオマスは生物由来の天然資源であり、樹木が光合成によって大気中から吸収した二酸化炭素は有機物(糖類)として固定・貯蔵され、伐採後に木材として利用された場合においても、この炭素貯蔵効果は継続される。木質バイオマスの特徴である生物起源炭素(biogenic carbon)のLCAでの取り扱いについては、樹木が伐採された時点でバイオマス中の炭素はすべて大気中に放出されたものとみなし木材製品のライフサイクルの中での炭素収支において考慮しない(0/0アプローチ)、原木生産プロセスで木材製品のライフサイクル中に生物起源炭素が取り込まれ、廃棄プロセスでライフサイクルから生物起源炭素が放出されるとみなす(+1/-1アプローチ)などいくつかの考え方が存在する。先述したISO14067: 2018 カーボンフットプリント、ISO 21930: 2017 土木・建築では後者の考え方が採用されている。

このように、木質バイオマス利用の炭素貯蔵効果は、ライフサイクル全体を通した評価では、収支がゼロになるとの考え方が基本である。これは、木材の炭素貯蔵効果は期限付き(永続的ではない)であり、大気中の炭素を完全に隔離するわけではなく、あくまでも一時的な貯留(大気中への放出の遅延)であるとみなされているからである。これに対して、炭素貯蔵期間が100年以上の長期に渡る場合は、炭素貯蔵効果が永続的であるとの考え方もある。いくつかの規格・ガイドラインにおいては、一時的な炭素貯留(多くの場合で100年以下)と永続的な炭素貯留(同100年以上)とを区別した評価が行われている。

4.3 カーボンクレジット

(1) カーボンクレジットの概要

カーボンクレジットは、再生可能エネルギーの導入等の温室効果ガス排出削減対策、植林や森林の適切な管理等のCO_2吸収、貯蔵といったプロジェクトを対象に、そのプロジェクトが実施されなかった場合の温室効果ガス排出量およびCO_2吸収・貯蔵量の見通しとの差分を国や事業者間で取引できるようクレジット化する仕組みのことである。購入者は、自身が省エネや再生可能エネルギーの導入でどうしても削減することができなかった排出量を、購入するクレジットによってオフセット(相殺)し、削減目標の達成に用いることができる。

カーボンクレジットには大きく分けてベースライン&クレジットと、キャッ

プ・アンド・トレードの2つの考え方がある。また，枠組みとしてCDM（クリーン開発メカニズム）やJCM（二国間クレジット）のような国際的なものと，J-クレジット制度のように日本政府が実施する国内制度，あるいは民間主導のクレジットがある。

(2) J-クレジット制度における木質バイオマスの炭素貯蔵量の取り扱い

ここでは，J-クレジット制度における木質バイオマスの炭素貯蔵量の扱いについて述べる。木質バイオマスの炭素貯蔵効果がLCAにおいては，「一時的な貯留」と「永続的な炭素貯留」とを区別して評価されることは先述した（4.2項）。J-クレジット制度では，森林経営管理プロジェクトで認証されるクレジットの中で，対象となる森林から伐採・生産される木材のうち，建築用および非建築用に使用され得る木材製品（製材，合板，木質ボード）等について，数量に対して永続性残存率を乗じて求めた炭素量を，森林経営管理プロジェクトにおけるクレジットとして認証している。このとき，永続性が確保されるとみなされる期間は，総務省「固定資産の価格等の概要調査」に基づき1963年以降に建てられた木造建築物の床面積データから築後1年ごとに建築物が残存する確率を算定するとともに，区間残存率推計法に基づき将来の経年推移をモデル分析することにより得られる残存率曲線の第2次導関数が増加から減少に転じる点よりも有意に後年となる地点までとし，90年間とされている[3]。木造建築物の建築から90年後の木材製品の残存率を永続性残存率と呼んでおり，建築用の製材，合板，木質ボードの永続性残存率は16.7％，非建築用では製材は17％，合板，木質ボードは8.4％となっている。

● **主な参考文献**

1) H. Kojima, Y. Fuchigami, T. Nakai："Effect of different allocation methods in plywood manufacturing on assessing product GHG emissions", The 16th Biennial International Conference on EcoBalance（2024）
2) ISO："ISO14040_2006 Environmental management—Life cycle assessment—Principles and framework"（2006）
3) J-クレジット制度："国内における地球温暖化対策のための排出削減・吸収量認証制度（J-クレジット制度）モニタリング・算定規程（森林管理プロジェクト用）Ver. 3.7"（2024）

第3章　木質バイオマス生産

第1節　樹木の生産性について

1.1　樹木の生産性を規定する条件

　樹木の生産性は，第一義に光合成による炭酸同化作用と，それから各種のエネルギー(ATP)を生み出す呼吸，同化産物からなる植物体構造や二次代謝物のバランスによって決まる。光合成によって固定された炭水化物が総光合成生産量であり，そこから呼吸による消費を引いて，実際に植物体に固定される物質量を純生産量と言う。純生産量からなる植物体構造としては，形成層が木化した木部を作る場合は木本植物であり，作らなければ草本植物になる。また構造として棘を作るものもあれば，タンニンなどの二次代謝物質を作り虫害等を避ける場合もある。純生産量の一部は，例えば落葉落枝，脱落樹皮として失われる。生産性にはこうしたすべての生産物を含めるべきであるが，本項では木本植物が木部として蓄積していく速度を「生産性」と定義する。

　まず生産性の基礎となる光合成の能力を決めるのは，葉内にあるクロロフィルによる電子伝達系とカルビン回路の効率，クロロフィルの存在する柵状組織の数，大気から葉内中にCO_2を拡散させる気孔の開閉率と葉温，それらに影響を与える日射量，気温，湿度(大気飽差)，風速などである。光合成能力のポテンシャルは葉内の窒素濃度に影響を受けるが，それは窒素がタンパク質である酵素の重要な構成要素だからである。窒素に限らないが，こうした無機養分は土壌から供給されるために，土壌の肥沃度も光合成能力を支配することになる。後述の葉温はこうした酵素の活性に影響を与える。風速は気孔周辺の空気の流れの抵抗(葉面境界層抵抗)に影響を与える。気孔が開き，空気の動く抵抗

が小さくなる(適度な風速がある)とCO_2がスムースに葉内に入り,炭酸同化作用が進む。気孔が開き,かつ大気の飽差が高い(乾燥している)と葉内の水分が蒸散し,葉の乾燥が進むことになる。一方で蒸散は潜熱(気化熱)により太陽光で温まった葉温を下げる作用もある。こうしたバランスの中で葉は葉温の変動にも影響されながら気孔の開閉を行い,CO_2の吸収や蒸散がコントロールされているのである。太陽光は電子伝達系に作用してATPを作り出しそれによってカルビン回路を駆動するが,強い太陽光があれば良いわけではない。快晴時の水平面光エネルギーは非常に高く,強光阻害と言われる光合成の低下が生じる。植物の葉をよく見ると,それらは多くの場合傾斜しており,特に南中時の強い光を避けるようになっている。また樹木を森林群落レベルで見ると葉が垂直的に広く分布し,したがって林冠の上部の葉と下部の葉では光条件が大きく異なる。そのため葉の形態も林冠内で異なり,上部の小型肉厚な葉から下部の大きく薄い葉に変化していることが多い。林冠層の大きい森林群落では,個葉の生理的な特徴から葉の垂直的な分布構造までを通じ,群落としてより多くの光を効率的に集光できるようになっている[1]。ここで面白い事象がある。太陽光は散乱光と直達光に分けられるが,晴天時にはビーム状に地表面に届く直達光成分が卓越する。曇天日は天空中の水蒸気によって光が乱反射し,多方向から入射する散乱光成分が増える。散乱光は森林の内部深くまで届き,森林群落全体としての光合成生産量が増えるという事実である。薄曇りの森林内のほうが,晴天日の森林内より明るいのである。

　次に森林を群落レベルで見ると,低木層を構成する樹種,亜高木層を構成する樹種,高木層を構成する樹種があり,それぞれの生態に応じた生産性を示す。また長期の時間軸で見ると,開けた明るい土地を好む遷移初期樹種から,比較的耐陰性の高い遷移後期樹種まで経時的な遷移(構成樹種の移り変わり)が見られ,それぞれの段階に応じて生産性は異なる。例えば遷移初期樹種は森林の構造が単純で成長速度が速く寿命が短い,遷移後期樹種では成長速度は遅いが寿命が長く,大きな現存量を長期間保持できる。ここからわかるように,生産性はCO_2と温暖化に関する議論をする場合など正確に定義する必要があり,「生産速度」とその積分値である「蓄積(現存量)」の違いを明確に分ける必要がある。

1.2 森林の成長量とは

前述のように葉レベル，個体レベル，群落レベルで「生産性」は様々な要因に規定されていることが解る。これらをすべてプロセス的に解明して森林生態系としての生産性を予測することは不可能である。そこで単位面積あたりの

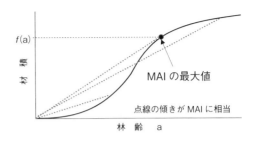

図3-1 シグモイド型の森林の現存量の経時変化
どの時間軸で切り取るかによって，MAIは変わる

現存量をそれまでの成立年数で除して，1年間に1ヘクタール何m³成長したか，平均連年成長量(mean annual increment: MAI：m³/ha/年)の視点で生産性を考えることにする。既存の森林群落の林齢と現存量から成長量を推定するが，まず森林群落としての経時的な成長量の変化を理解する必要がある。天然林の場合は風倒，落雷，火災，崩壊などで裸地になり，そこから森林群落の成長がスタートする。人工林では主伐が行われて裸地になり，多くの場合植栽から森林群落の成長がスタートする。どちらの場合においても，森林はその成立初期は小さい個体から成り立っており，林冠は十分に閉鎖しておらず，土地面積あたりの森林のMAIは小さい。森林群落の成長に伴い個体の樹冠が広がり，土地面積当たりの葉量が増加する。葉量の増加に伴い太陽光の多くが光合成に利用できるようになり，土地面積あたりのMAIが急速に増加して最大値を迎える。その後葉量が最大値に近づくにつれ林冠下部が暗くなり，その結果葉量が減ること，非同化部の呼吸が大きくなることなどの変化から，森林のMAIは最大値に比べて徐々に鈍化する。したがって森林群落としての現存量(蓄積)の変化は時間軸に対してシグモイド曲線となる(図3-1)。このような一般的な現存量の変化をどの時間軸で切り取るかによって森林のMAIは異なり，気候帯，土壌条件，人工林，天然林，樹種，さらには品種によってもシグモイド曲線の形状が大きく変化する。

1.3 森林の平均連年成長量(MAI)の実例

それでは世界の主要な森林群落のMAI(主に人工造林地)を見てみよう。この中のデータには，おそらくMAIが高い時，成熟して安定してきた時等，様々

な様相が含まれていると予想できるが,そこは考慮せずに総論として見てみることにする。MAIに対して比較的多くの報告があるのはユーカリの仲間たちだ。最大値はパプアニューギニアで3年生次のMAIが90 m³/ha/年との報告があるが,さすがに一般的な値ではないであろう。FAO(2001)によると,*Eucalyptus urophylla*で20～60 m³/ha/年,*E. saligna*で10～55 m³/ha/年と報告され,斎藤ら(2007)[3]は*E. grandis*で平均気温21.1℃,年降水量1647 mmで67.8 m³/ha/年,*E. globulus*で年平均気温5.9℃,年降水量960 mmで57.8 m³/ha/年を示した。ユーカリの仲間は植栽密度や林齢でもMAIが大きく異なることもわかっている[2]。また,*E. grandis*とユーカリ交配種では15～40 m³/ha/年(成熟期間5～15年)[4]と述べられており,適地に植栽されたユーカリの仲間は非常に大きなMAIを示すと考えられる。マツ属の仲間もMAIが高く,*Pinus radiata*(ラジアータマツ)が12～35 m³/ha/年,*P. caribaea* var. *hondurensis*が20～50 m³/ha/年,*P. oocarpa*で10～40 m³/ha/年と紹介されている[2]。ニュージーランドの主要林業樹種である*P. radiata*では28 m³/ha/年を目標として経営され,林業として成功するための一目標と捉えることができよう。*Acacia mangium*を中心としたアカシア類のMAIも6～25 m³/ha/年と高く,また*Gmelina arborea*(メリナ)では12～50 m³/ha/年[4]と報告されている。ここまで示した樹種はすべて熱帯地方を中心に生育しており(松属は温帯から熱帯),こうした地域では非常に大きい成長量を示す人工林が存在すると考えられる。

次に温帯から冷温帯まで広がる日本で,現存量と林齢からMAIを外観する。これまで得られてきた日本の針葉樹人工林について見ると,日本の主要林業樹種であるスギ(*Cryptomeria japonica*)は,20年生から100年生までで13.35 m³/ha/年,最大値は29.57 m³/ha/年,20年生未満および101年生以降の平均値は12.1 m³/ha/年と報告されている[5]。スギの場合は高齢級になるまで成長量を維持できるが,前述した熱帯地域中心の高い生産性には及ばない。ここからは筆者が論文ベースで集めた未公開のデータになるが,ヒノキ(*Chamaecyparis obtusa*)では7.4 m³/ha/年(n=76,SE=0.35),カラマツ類(*Lalix* sp.)では8.7 m³/ha/年(n=178,SE=0.23),アカマツでは6.0 m³/ha/年 (n=119,SE=0.17)程度と考えられる。ヨーロッパの林業樹種として最も重要なトウヒ(*Picea abies*)では3～8 m³/ha/年,ヨーロッパカラマツ(*Lalix decidua*)では4～13 m³/ha/年,ベ

イマツ（*Pseudotsuga menziesii*）では9～13 m^3/ha/yearと報告されている。日本の広葉樹全般に対するデータ(n=740)から見ると平均で4.03 m^3/ha/年となり，針葉樹に比べて明らかに低い。天然林が多いために樹齢の推定が困難であるが，その中でもブナ4.2 m^3/ha/年(n=12)，コナラ5.0 m^3/ha/年(n=6)，シラカバの林分収穫予測から地位の高いところで5.2 m^3/ha/年，コジイ・タブ・カシ類で7.2 m^3/ha/年(n=6)などがある。筆者が北海道でシラカンバ-ミズナラの天然成林を調査したところ，約91生時点で3.3 m^3/ha/年であった。Grace(2005)によると北方林の純生産量(1.9 Mg-C ha-1yr-1)，温帯林(7.8Mg C-ha-1yr-1)，熱帯林(12.5 Mg-C ha-1yr-1)となっており，MAIで示してきたように暖かい地方で森林群落の生産性は高く，同じ気候帯で見れば広葉樹より針葉樹で，天然林よりも人工林で高い傾向があると言える。

● **主な参考文献**

1) H. Utsugi *et al.*: "Vertical distributions of leaf area and inclination angle, and their relationship in a 46-year-old *Chamaecyparis obtusa* stand", *For. Ecol. Manag.*, **225**, 104-112（2006）
2) 斎藤昌弘ら："早生樹種の成長量を最大にする造林方法(2)密度と栽培期間"，熱帯林業，**71**，19-24（2008）
3) 斎藤昌弘ら："早生樹種の成長量を最大にする造林方法(1)適地適木"，熱帯林業，**70**，23-30（2007）
4) C. Cossalter, C. Pye-Smith，太田誠一，藤間剛監訳："Fast-wood forestry: myths and realities.（早生樹林業――神話と現実）"，CIFOR（国際林業研究センター）（2005）
5) 宇都木 玄，久保山裕史："年間平均成長量(MAI)からみた土地期望価(LEV)による林業の経営判断"，日本森林学会誌，**103**，200-206（2021）

第2節　早生樹について

　早生樹とは，既存の樹種に比べてどれくらい早く成長する樹木を示すのか，その具体的な閾値は存在しない。一般的な早生樹の概念は，主に熱帯地方の単一樹種で構成された商業植林地で，MAIが15 m^3/ha/year以上の高い生産量

を目標として，パルプチップ等の工業用丸太生産やエネルギー利用を行なうための樹種とされる．東南アジアの早生樹の主要樹種はユーカリ，アカシア，マツ，ポプラであり，その成長量は前述した．温帯から亜寒帯ではスウェーデン，イギリス，アイルランド，デンマーク，カナダなどでエネルギー資源作物としてヤナギ類が栽培されている．その平均的な収穫量は1年間で約 10 Dryton/ha(乾燥トン/ha)であり，容積密度を $500\,kg/m^3$ とすれば，年間で約 $20\,m^3$/haの成長量と算定される(枝込み)[1]．イタリアポプラではクローン選抜が進み，大きいもので年間 16～20 Dryton/ha($32～40\,m^3$/ha)の成長量，アメリカ北西部とカナダのハイブリットポプラは 10～15 Dryton/ha($20～30\,m^3$/ha)の成長量を示す．早生樹は成長量が大きく伐期間隔が短いため，収穫量を維持するために施肥が必要となる．例えばヤナギ類では毎年の収穫によって $60\,kg$/ha 弱の窒素の収奪があるとされ，それを補う施肥が必要である．こうした早生樹がその成長の本領を発揮するためには，光合成のポテンシャルを発揮するための土壌養分条件(施肥)と，葉の気孔を十分に開けて二酸化炭素を細胞内に多く取り込める，つまり蒸散が多くなっても水分を確保できる環境条件が必要(前出)である．特に後者は重要であり，降水量とともに根の健全性を担保する水はけの良い土壌が必須になる．こうした条件が整わなくても成長はするが，早生樹たる高い成長量を確保することは困難である．

　日本では昭和37(1962)年から「合理的短伐期育成林技術の確立に関する試験(合短)」が国有林と当時の林業試験場の協力のもとに行われた．この時代は木材の不足により輸入が増えるとともに，木材増産計画が立てられていた．対象樹種はスギ・アカマツ・カラマツ，広葉樹ではモリシマアカシア・フサアカシア・コバノヤマハンノキで，植栽密度や施肥条件等集約的な施業によって木材生産増強が可能か，日本全国に50か所の試験地が設定された．コバノヤマハンノキで $12.2～16.1\,m^3$/ha/年，カラマツで $11.3～13.3\,m^3$/ha/年の成長量が見られたが，ほとんどの試験地で早霜害を中心とした気象害，野鼠害等の獣害被害を受けて試験そのものが失敗している．被害防除のための諸手当が必要であり，かつ適地適木，つまり生育初期の小手先の処理よりも，その地域の全体としての環境条件や立地条件を大切にして試験すべきであったと考察されている[2]．つまり早生樹が早生樹たる早い成長量で成林するためには，立地を慎重に選び，

かつ十分な保育体制が必要なのである。

　ヨーロッパで早生樹として使われていたヤナギ類を，日本でも利用する試験が北海道の下川町で実施された。100 kg窒素/haに相当する施肥とマルチングによる雑草のコントロールを行うことで，オノエヤナギ(*Salix sachalinensis*)が最大で年間 11.43 Dryton/ha($23 m^3$/ha)の成長量を示したが，除草を怠ると成長量の半分近くが雑草に置き換わり[3]，またエゾシカによる食害も大きく，最大で年間6 Dryton/haも採餌される[4]。この事例でも適地適木と植栽後の保育の重要性が指摘される。施肥に関する反応は敏感で，茨城県での事例では窒素ベースで約60 kg/ha施肥した場合，*S. sachalinensis*で年間最大 15 Dryton/haの成長量を示した。

　日本では近年中国中南部に分布するコウヨウザン(*Cunninghamia lanceolata*)と呼ばれるスギ科の仲間が早生樹として期待されている。中国でのプランテーションでは25年生で $450 m^3$ (MAI=$18 m^3$/ha/年)までの成長量があるとされる。国内に残るコウヨウザンの林分は文献によると14林分ほどであり[5]，MAIの範囲は7.2〜$24.3 m^3$/ha/年である。これらのデータをスギの林齢と現存量の範囲に落とし込んだのが図3-2であるが，スギの成長量の範囲内にあることが解り，前述の中国国内でのデータも含めて，スギと同レベルの生産性の範囲であると現状では考えられる。コウヨウザンの実生はウサギによる食害を強く受けることが明らかになり，またスギとコウヨウザンでは最大の成長量を示す適地は異なると考えられため，適地適木と十分な保育体制が必要であることが解る。

　ユーカリ類やヤナギ類は条件が適切な場合，非常に大きな成長量を示し，パルプ原料やエネルギー資源として利用を目標とする早生樹である。スギやコウヨウザンは中庸な

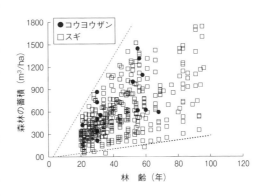

図3-2　スギとコウヨウザンの林齢と森林蓄積
林野庁「早生樹利用による森林整備手法ガイドライン[5]」(2020)より改変

生産性を示すため，第一義的には用材等建設資材に利用されるべきであり，木材生産収益向上を目標とする樹種である。これらの樹種は単位土地面積あたりの成長量が大きくなるということが特徴である。現在林木育種センターにより開発されているスギのエリートツリーは，適切な場所に植栽した場合に既存系統のスギより明らかに樹高成長が早い。しかし高齢級に至るデータ蓄積がないため，現状では初期の樹高成長を活かした下刈りの省力化により，初期保育費を削減できる早生樹と言える。

一方で単木(個体)当たりの成長量が大きい樹種が国内で注目を集めている。センダンは末口40cmで4mの直材が約4〜5万円/m^{3}で取引される。しかし枝張りが強いために初期植栽密度は1,000本以下，集約的管理が可能であれば400本/haほどになる。成長が最も良い熊本県甲佐町の例では，17年生で220本，材積は約115m^3/haとなり，単純計算ではMAIは6.7m^3/ha/年である。つまり土地面積当たりの連年成長量は通常の広葉樹並みであり，「量」が重視されるバイオマス生産としては考えられない。センダンを早生樹として期待する場合は，水はけのよい立地で競合植生(雑草)の完全な排除を行い，芽かき等の丁寧な保育を行い，付加価値のついた高品質材が生産目標となる。チャンチン，ユリノキ，キリなどの樹種も広葉樹早生樹として考えられているが，肝要なことは樹種の用途に応じた正しい生産目標とそれに応じた保育計画を定めることである。

● 主な参考文献

1) Caslin, B. et al. : "Short rotation coppice willow best practice guidelines", Teagasc and Agri-Food and Biosciences Institute (2015)
2) 金澤洋一 : "「合短」てん末記", 北方林業, 45(10), 257-260 (1993)
3) Han, Q. et al. : "High biomass productivity of short-rotation willow plantation in boreal Hokkaido achieved by mulching and cutback", Forests, 11, 10.3390/f11050505 (2020)
4) Harayama, H. et al. : "Estimation of yield loss due to deer browsing in a short rotation coppice willow plantation in northern Japan", Forests, 11, 10.3390/f11080809 (2020)
5) 林野庁「早生樹利用による森林整備手法ガイドライン」209 (2020)

第3節 林木育種

3.1 林木育種(forest tree breeding)とは

「林木育種」とは何を示すのか。この点について，井出・白石[1]には，「人類は古来より植物を栽培化し，人類にとってより望ましく優良なものにするために遺伝的な改良を加えてきた。これを育種と言い，林木の遺伝的改良を林木育種という。」とされている。林木育種の改良目標には，一般的には①収量の増大，②品質の向上，③適応性の強化などがあげられる[2]。本節では，林木育種を通じたバイオマス生産性，すなわち木材生産性を高める取り組みについて紹介する。

3.2 林木育種の進め方

林木育種では，対象とする形質を遺伝的に改良するため，優れた個体を「選抜」し，優れた個体同士を「交配」して多数の次世代個体を作出し，特性を「評価」し，それらの個体の中からさらに特性の優れた個体を「選抜」することを繰り返し，段階的に遺伝的な改良を進める[3]。例えば，親世代から子世代に進むことで樹高平均が向上した場合，その差が育種によって改良(獲得)された遺伝的な改良効果(遺伝獲得量)となる[3]。1世代ごとの改良効果は大きくなくとも，世代を重ねることで改良効果が累積し，より大きな改良効果となる[3]。

より大きな改良効果を得るための重要な要素に「選抜強度」がある。改良しようとする対象形質が上位のごく少数の個体を選抜(強い選抜)する場合と，より多数の個体を選抜(弱い選抜)する場合で改良効果の大きさと継続性を比較すると，強い選抜を行う場合，短期的には改良効果が大きいが，世代を重ねると早い段階で改良効果は頭打ちになる。一方，弱い選抜を行う場合には短期的には改良効果は相対的に小さいが，改良効果が持続し，結果的に強い選抜を行った場合よりも高い改良効果が得られるとされている[2]。このようなことから，育種の効果を何世代にもわたり持続させ，さらに，世代ごとにその効果を森林整備の現場で最大限発揮させるため，育種の基幹となる集団(育種集団, breeding population；弱い選抜により集団を維持)と，実際の森林整備に用いる造林種苗を生産するための集団(生産集団, production population；強い選抜を行う集団)の2つの集団により，林木育種事業を推進することが重要である(**図3-3**)[3]。育種集

団は，成長等の基本的な性質が優れたものの集まりで，精英樹(plus-tree，後述)等により構成され，集団内において大規模な交配と選抜を行い，世代を進めながら改良が進められている。第2世代以降の精英樹をエリートツリー(2nd generation plus-tree，後述)と呼び，これらも育種集団を構成する系統となる。生産集団は，育種集団の中から，森林整備の目的に応じて優れた形質を持つものを選んだもので，特定母樹(specified mother tree，後述)は，成長等に優れ，ス

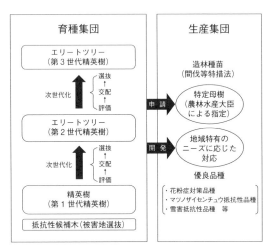

図3-3 育種集団と生産集団の概念図
育種効果の持続性の確保と，その効果の森林整備の現場での最大発揮のため，育種集団と生産集団により林木育種事業を推進。育種集団は，精英樹等により構成され，世代を進めながら特性の改良を実施。生産集団は，育種集団の中から，森林整備の目的に応じて優れた形質を持つものを選んだもので，特定母樹や花粉症対策品種等の優良品種で構成される。

ギ・ヒノキでは雄花着花量が少ない特性も併せ持つ系統であり，今後の森林整備のための種苗生産の中核をなしている。

3.3 林木育種事業の取り組み

日本においては，育種集団を構成する精英樹の選抜は，1954年から開始された。精英樹選抜育種事業で全国の国有林および民有林，人工林および天然林を対象に，用材生産を目的として成長が早いこと，幹が通直であること，病気や虫の害がないこと等を基準として，成長・形質の特に優れた個体として選抜されたのが第1世代精英樹である。精英樹選抜の対象樹種はスギ，ヒノキ，アカマツ，クロマツ，カラマツ，エゾマツ，トドマツ，リュウキュウマツや広葉樹などで，これまでに44樹種で約9,100個体が精英樹として選抜されている。[3]

また精英樹の選抜とあわせて，精英樹の遺伝的な能力の評価(次代検定，progeny test)も行われてきた。次代検定とは，精英樹の子供(次代)である実生

苗木やさし木苗木を試験地(次代検定林)に植栽して、それら苗木の成績から精英樹の親としての遺伝的な能力を検定することである。試験地等において様々な特性調査を実施し、その特性に基づき、花粉症対策品種や材質優良品種などの優良品種(superior variety)が開発されるともに、特性の優れた精英樹同士の交配等により次世代の育種素材を作出・選抜するための取り組みが進められてきた。これまでに全国で9,000以上の交配組合せによる人工交配が行われ、作出された20万個体以上の実生苗を100箇所以上の試験林に植栽し、定期的な個体調査を行い、その評価結果に基づき特性の優れた個体が、エリートツリーとして選抜されている。[4] エリートツリーの選抜は平成23年度より始まり、令和5年度末までにスギ686系統、ヒノキ315系統、カラマツ140系統、グイマツ4系統、トドマツ50系統の合計1,195系統がエリートツリーとして選抜されている。このように、精英樹の選抜から約60年、次世代の育種素材の作出・選抜に向けた取り組み開始から30年余りの年月をかけて選抜・開発された個体がエリートツリーである(図3-4)。エリートツリーは遺伝的な多様性を保ちながら世代を進めていくための育種素材として育種集団を構成し、エリートツ

図3-4　林木育種事業の取り組み
精英樹の選抜からエリートツリーの開発の流れを示す。特性の優れた精英樹を親として人工交配等を行い、後代個体を作出する。後代個体を試験林に植栽し、定期的な成長量調査を行い、特性データを集積する。エリートツリーの選抜基準にもとづき、後代個体群の中から特性の優れた個体をエリートツリーとして選抜する。
森林総合研究所林木育種センター編："新しい林業を支えるエリートツリー"、全国林業改良普及協会、p 37の図Ⅱ・1・2を改変

リーの中でも特に特性の優れた系統は，特定母樹等として指定され，生産集団としても活用され，森林整備に活用されている。特定母樹について次項で紹介する。

3.4 林木育種事業の成果の活用

特定母樹とは，平成25年に改正された「森林の間伐等の実施の促進に関する特別措置法（間伐等特措法）」に基づき，森林のCO_2吸収能力を高めるため，在来の系統と比較して1.5倍以上の単木材積を示すなど，成長等形質に優れたものを農林水産大臣が指定した系統であり，今後の森林整備の中核とされている。現在，林木育種センターでは，エリートツリーの中から特定母樹の指定基準を満たす系統を特定母樹に申請し，農林水産大臣による指定を経て，エリートツリーは特定母樹として普及が進みつつある。成長性に優れている点や材の剛性，通直性に問題がないこと等に関して，特定母樹の指定基準はエリートツリーの選抜基準と同様である。実際に造林用に活用される生産集団としての位置付けである特定母樹は，スギ・ヒノキに関しては，現在社会問題となっている花粉症対策も考慮し，特定母樹の指定基準ではエリートツリーの選抜基準よりも雄花の着花性に関する基準が厳しくなっている。それゆえ，特定母樹は「花粉の少ない品種（less-pollen variety）」としても位置付けられており[5]，成長が早くて花粉も少ない系統とされている。令和5（2023）年度末現在，スギで305系統，ヒノキで103系統，カラマツで97系統，グイマツで1系統，トドマツで32系統，合計538系統の特定母樹が指定されている。そのうち，エリートツリーから特定母樹に指定されたものはスギで176系統，ヒノキで67系統，カラマツで96系統，トドマツで29系統，合計368系統となっており，特定母樹の約7割がエリートツリー由来となっている。これら特定母樹等の生産集団の系統は，都道府県等が整備する採種穂園（seed orchard / scion garden，山に植栽するための苗木の元となる種子や穂木を採取するための樹木園）に導入され，採種穂園で生産された種穂から苗木が生産されて山に植栽されるという流れで森林整備に活用される。

このように，わが国における林木育種においては，木材の生産性等を高めるために約70年にわたり育種事業が継続され，その事業によって遺伝的改良が進められている。現在，ゲノム情報や高度な統計解析手法，さらにはICTな

どの新しい技術や手法も活用しながら，成長性のさらなる向上，木材としての質の改善，気候変動に対する環境適応性の向上や花粉発生源対策に向けた特性の改良を効率的かつ効果的に進め，森林整備に活用する苗木の特性のさらなる改良が進められている。

● 主な参考文献

1) 井出雄二，白石 進編："森林遺伝育種学"，文永堂出版，141（2012）
2) 大庭喜八郎，勝田 柾編："林木育種学"，文永堂出版，44-62（1991）
3) 森林総合研究所林木育種センター編："新しい林業を支えるエリートツリー"，全国林業改良普及協会，13-49（2024）
4) 森林総合研究所林木育種センター編："林木育種センターパンフレット"，森林総合研究所林木育種センター，1-11（2023）
5) 林野庁「スギ花粉発生源対策推進方針」，https://www.rinya.maff.go.jp/j/sin_riyou/kafun/suishin.html（最終閲覧日2024年6月21日）

第4節　遺伝子改変技術

4.1　はじめに

近年，より効率的な木材の生産や利用を目的として，既に穀物や野菜の育種などで実績のある種々のバイオテクノロジー（biotechnology）が，樹木の育種でも検討されている。本節では，木材の増産につながる樹木の生長促進や，多糖やリグニンなどの木材成分の改変に関わる技術を紹介する。ここで紹介するものは実際の林木育種において社会実装されたものではないが，前節で述べられた選抜と交配を土台とする林木育種の将来的な改良改善に資するものと思われる。

4.2　植物ホルモンの調節による個体の生長促進

植物ホルモン（phytohormone）の一種であるジベレリン（GA）は，極めて低濃度で植物の成長や開花，結実，成熟などに作用する。果樹栽培においては，樹勢を維持するためにジベレリン（gibberellin）散布によって花芽の形成を抑制することが行われている。ジテルペン酸を基本構造とするこの植物ホルモンには，

多数の異なる構造を持つ分子種が知られているが，GA1とGA4の2種類が主な生理活性を担うとされている。アブラナ科のシロイヌナズナが持つGA20オキシダーゼの遺伝子をポプラで過剰に発現させた遺伝子組換え体では，GA1やGA4を含む複数のGA類の蓄積量の増加に伴って樹高や茎の直径の増加が認められている。Jeon[1]らもアカマツ由来のGA20オキシダーゼ遺伝子を使って遺伝子組換えポプラを作出し，茎のバイオマス量が3倍増したことを報告している。同様の結果を得ている。しかし，これらはいずれも温室内で育てた個体から得られた知見であり，伝子組換えポプラではジベレリンの高蓄積により葉面積が低下するなど，野外での栽培に不適と思われる表現型も現れている。

4.3 多糖の組成改変

パルプ蒸解や酵素糖化などの成分分離処理によって特定の木材成分を取り出して利活用する場合，目的に適った成分構成を持つ木材の利用が望ましい。Biswal[2]らは，木材の非主要成分であるペクチン（pectin）の生合成を阻害することで，生長が早く，酵素糖化性に優れた遺伝子組換えポプラを作出している。この組換えポプラでは，ペクチンの主成分であるホモガラクツロナンの伸長反応に関与すると考えられているホモガラクツロナンα-1,4-ガラクツロニルトランスフェラーゼをコードするGAUT4遺伝子の発現がRNA干渉法によって抑制されており，木材中のガラクツロン酸含有量が有意に低下する。ホモガラクツロナンは，木材中でキシランなどのヘミセルロースや，ペクチン同士の架橋に関与すると考えられているため，この酵素の生産抑制は木材成分同士の連結を抑制することで，多糖分解酵素の木材成分への結合や接近を促進することで酵素糖化性の向上に寄与しているものと考えられる。この他，セルロースやキシラン，キシログルカンなどの生合成や生分解に関与する酵素遺伝子の過剰発現や発現抑制により，酵素糖化性や個体の生長が向上することが多数報告されている。これらの研究成果の多くは，実験室や閉鎖系温室で得られたものであるが，一部の遺伝子組換え樹木は既に野外での栽培も試みられている。

4.4 リグニンの含有量や化学構造の改変

多糖の量的質的改変に加え，バイオテクノロジーによる木材中のリグニン含有量の増減やその化学構造の改変も検討されている[3]。リグニン含有量の増加に対して，その低下は技術的に容易であり，主にリグニン生合成における主要な

モノマーとなるモノリグノール(monolignol; ヒドロキシケイ皮アルコール類)の代謝に関わる種々の酵素遺伝子の発現抑制により達成できる。この代謝に関わる十数個の酵素の生産を遺伝子組換え技術により抑制すると，大半の場合に木材中のリグニンが減少する。リグニン含有量の低下は，木材の酵素糖化やパルプ化に促進的な効果を発揮する一方で，残念ながら樹木の生長には負の作用をもたらすことが多い。多糖の組成改変の場合と同様に，温室内での栽培では顕著な差異が認められない場合でも，リグニンを減少させた樹木の多くで野外圃場では生育阻害が見られる[3]。

リグニンの含有量の減少に対して，木材中におけるその化学構造の改変は生育に悪影響を与えないこともある。モノリグノール生合成経路で働くコニフェルアルデヒド5-ヒドロキシラーゼ(Cald5H, 別名F5H)は，シリンギルリグニンの合成を律速する酵素である。この酵素の遺伝子を過剰発現するとリグニン含有量にほとんど影響がないものの，シリンギルリグニンの相対量が増加することでパルプ収率が向上する。木材チップを原料とするパルプ生産の現場では，ひとつの工場で日産千トン以上のパルプが生産されることもあり，わずか数％の収率の向上でも大きな経済的利益を生むことにつながる。

4.5 無花粉(pollen free, 雄性不稔)個体

日本におけるスギ花粉症は多くの国民が罹患するアレルギー性疾病であり，木材の増産と並行して解決すべき重要な社会課題となっている。このような現状にあって，各地のスギ植栽地で見つかった花粉を作らないスギの増殖に加えて，遺伝子組換えやゲノム編集(genome editing)で花粉形成能を欠失する個体の作出も進められている。

茨城県内に本所を置く森林総合研究所では，バチルス属の細菌に由来するRNA分解酵素(barnaseタンパク質)の遺伝子をスギに導入し，花粉の発達に重要な雄花のタペート層でこの酵素を特異的に生産する遺伝子組換えスギを開発している[4]。温室内で生育させた1.5年齢と2.5年齢の苗木にジベレリン処理を施して雄花を誘導して花粉の有無を調べたところ，普通のスギでは稔性のある花粉が形成された一方で，遺伝子組換えスギでは花粉が全く形成されなかった。さらに，野外に設置した隔離ほ場で栽培された遺伝子組換えスギでも同様の調査が行われた結果，温室内と同様に遺伝子組換えスギは花粉を形成しなかった[5]。

この結果は，導入したRNA分解酵素遺伝子が少なくとも2年8か月にわたる野外試験では十分な効果を発揮したことを示しており，さらに長期の試験栽培による確認を経たうえでの実用化を期待したい．

4.6 ゲノム編集

ゲノム編集とは，染色体やオルガネラのゲノム上の特定のDNA配列を意図的に切断し，損傷したDNAが修復される過程で塩基の欠失や挿入，または置換を起こすことにより，遺伝子の機能を喪失や改変する技術である．20年ほど前から様々な方法が開発され，2020年には現在最も汎用されている「CRISPR-Cas9」(クリスパー・キャスナイン)と呼ばれるゲノム編集技術を開発したエマニュエル・シャルパンティエ博士とジェニファー・ダウドナ博士がノーベル化学賞を受賞している．この方法はガイドRNA(gRNA)と呼ばれる短い核酸と，DNAを切断する酵素のヌクレアーゼであるCas9から構成され，gRNAが相補するDNA配列を特異的に認識して結合し，そこにCas9を導くことでDNAの二本鎖が切断される．

通常の遺伝子組換え技術では特定の遺伝的機能を持つ外来DNAを染色体やオルガネラゲノムに常時座上させて(置いて)おくことが必要である．一方，ゲノム編集では，一旦導入されたDNA上の変異は，細胞分裂や世代交代を経ても安定に保持されるため，変異導入に使われたCas9などの遺伝子を個体の中に残しておく必要がない．野菜や穀物など，交配によって種子を取得できる植物では，親世代で個体に導入した「CRISPR-Cas9」の遺伝子を自家受精や他家受精による交配を経て，子や孫の世代で完全に除去することができる．つまり，何らかの外来遺伝子が個体中に存在する場合は「遺伝子組換え生物」となるが，その遺伝子が取り除かれた後は「非遺伝子組換え生物」としての取り扱いが可能になる．通常，遺伝子組換え生物を野外で栽培する場合には，厳格な安全性の確認や環境への影響評価を行う必要がある一方で，ゲノム編集生物ではこのようなことが法律上は必要とされない(日本や米国などとは異なり，EUではゲノム編集生物も法律上は遺伝子組換え生物に該当する)．

ゲノム編集のために導入した外来遺伝子を取り除き，目的とするDNA上の変異を固定するためには，最低でも2世代にわたる交配が必要である．一般に，樹木は草本植物に比較して発芽から開花結実までの期間が数年以上かかるため，

2回の交配を行うことは経済的なコストが大きい。ゲノム編集による林木育種を実用化するためには，*Cas9*などを植物のゲノムに挿入することなくDNAに変異を入れる技術や，スギにおけるジベレリン処理などに代表される着花促進技術の改良と新規開発が必要になる。

● 主な参考文献

1) H. W. Jeon *et al.*: "Developing xylem-preferential expression of PdGA20ox1, a gibberellin 20-oxidase1 from *Pinus densiflora*, improves woody biomass production in a hybrid poplar", *Plant Biotechnol. J.*, **14**, 1161-1170 (2016)
2) A. K. Biswal *et al.*: "Sugar release and growth of biofuel crops are improved by downregulation of pectin biosynthesis", *Nat. Biotech.*, **36**, 249 (2018)
3) B. De Meester *et al.*: "Lignin engineering in forest trees: from gene discovery to field trials", *Plant Commun.* **3**, 100465 (2022)
4) 環境省「生物物多様性影響評価書」(2014) https://www.biodic.go.jp/bch/download/lmo/H26.11.17_sugi_hyoukasho.pdf (最終閲覧日 2024年6月28日)
5) 小長谷賢一:"遺伝子組換えスギの隔離ほ場栽培試験の成果", 林木育種情報, **28**, 6 (2018)

❖ひとくちメモ❖

木材の色

　木材は，おおむね茶系の色をしていますが，薄い茶色から濃い茶色，さらに黄や赤，黒などに近いものもあります。樹木の切り株などで，外側の辺材よりも内側にある心材が濃い色をしている様子を見たことがある人も多いでしょう。大正時代に奥尻島で発見されたクワの一種である「赤材桑」は，春から夏にかけて辺材が鮮やかな赤に色づく珍しい品種で，遺伝子の変異によってリグニンの化学構造が変化するために赤くなると考えられています。

第4章　バイオマテリアル

第1節　セルロース

1.1　セルロースナノファイバー

　木材細胞壁から得られる幅20～40μmのセルロース繊維は，幅が約3nmのセルロースミクロフィブリルの集合体である。セルロースナノファイバー(cellulose nanofiber: CNF)とは，このセルロース繊維を微細化したもので，ナノサイズの直径に対して100倍以上の長さを有する繊維状物質である。ISOの定義では「1本のフィブリルから構成され，ナノスケールの枝を含み，その寸法は，典型的には断面3nmから100nmで，長さが100μmまでのもの，ただし，CNF繊維間の距離が十分に近い場合，粒子間のもつれやネットワーク状の構造を形成する。」とされ，「一般的に数十マイクロメートルの直径をもつ木材繊維や木材パルプ繊維と混同してはならない」と明記されている[1]。このほか，酢酸菌が産出するバクテリアセルロースもCNFに含まれるが，本節では木材由来セルロース繊維を原料にしたCNFについて概説する。

(1) セルロースナノファイバーの種類

　木材セルロース繊維を水中に分散させ，機械的なせん断力を加える解繊処理を行うことで，幅20～100nmの，化学的に未変性な「機械解繊CNF」が得られる。より直径が小さく均一なCNFを得るためには，機械解繊処理の前に，セルロースミクロフィブリル表面にマイナスの荷電基を高密度に導入するなどの化学前処理が必要である(「化学前処理CNF」)。ただし，前処理としてエンド型セルラーゼ処理を行った酵素前処理CNFは，化学的には未変性であるため機械解繊CNFに含まれる[2](図4-1)[3]。

(2) セルロースナノファイバーの製造法

木材細胞壁中に存在するセルロースミクロフィブリルをそのまま取り出すことができれば理想的であるが、ヘミセルロースやリグニンといったほかの成分に取り囲まれて存在しているため、CNF製造のためには、まず木材セルロース繊維の精製処理が必要になる。ただし、CNF用試料としての木材セルロース繊維は、必ずしも高純度の方が適しているとは限らず、化学前処理の有無や種類、

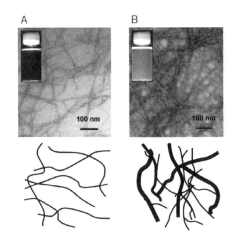

図4-1 化学前処理 CNF（A）と機械解繊CNF（B）の水分散液外観、透過型電子顕微鏡観察画像および模式図[3]

機械解繊処理の装置、求めるCNFの特性により、精製度を選択する必要がある[2]。例えば、機械解繊のみで調製するCNFの場合には、ヘミセルロース成分を含むホロセルロース（holocellulose）試料のほうが、それらの成分がフィブリル化を促進するためCNF化しやすいことが報告されている。また、化学前処理CNFにおいても、ヘミセルロースが残存しているパルプの方が温和な条件で反応が進行し、CNF化収率が高い場合がある。一方で、ヘミセルロース成分は製造後のCNFの耐熱性を低下させる要因にもなることに注意が必要である。

機械解繊CNFは、数％濃度の木材セルロース繊維を水中に混合させ、機械的に解繊処理を施すことで製造されるもので、高圧ホモジナイザー法、マイクロフルイダイザー法（対向噴流衝突法）、グラインダー法、ボールミル粉砕法、ビーズミル粉砕法、凍結粉砕法などが報告されている。得られるCNFの幅は概ね10～100nm程度であるが、用いる手法によっては数μmの繊維が含まれる場合もある[1]。また、溶媒を用いずに直接、植物繊維を樹脂中に二軸押出機を用いて混練し、ナノファイバー化と樹脂中への分散を同時に進行させる手法も考案されている。この場合には、あらかじめ原料のパルプに適切な化学変性を

加え，CNFの表面を樹脂と相溶する化学構造に変換しておくことが，樹脂中におけるCNFの分散性向上に有効であることが示されている[4]。

化学前処理CNFは，TEMPO触媒酸化に代表される化学反応により，水中解離してマイナス荷電になる化学構造を，木材セルロース繊維内の全ての結晶性セルロースミクロフィブリル表面に高密度で導入し，その後に水中解繊処理を行うことで得られるCNFで，条件によっては最小単位である約3nm幅のCNFが製造可能である。荷電基の導入によるフィブリル間の荷電反発と浸透圧効果によって，水中解繊処理過程におけるナノ分散化を促進するもので，TEMPO触媒酸化の他，C2,C3-ジカルボキシ化，リン酸エステル化，亜リン酸エステル化，硫酸エステル化，ザンテートエステル化，カルボキシメチルエーテル化などが報告されている[2]。この他，酸や各種イオン液体を用いて非晶領域を分解または溶解することで，解繊を促進させる前処理も報告されている[1]。

(3) セルロースナノファイバーの特性

CNFに含まれるヘミセルロースやリグニンの量によって，また，どの製造手法を用いたかによって程度は異なるものの，主な特性としては，軽量，高強度，高弾性率，低熱膨張率が挙げられる。木材パルプの引張強度とミクロフィブリル傾角(microfibril angle)から算出されたセルロースミクロフィブリルの強度は2GPa以上，X線回折法により求められたセルロースの結晶弾性率が約140GPaであることから，セルロースナノファイバー物性の極限値は，高強度繊維であるアラミド繊維に匹敵すると考えられている[2]。実際に，CNFシートに樹脂を含浸もしくは混合させ，積層熱圧させて作製した複合材料は，ポリカーボネートやガラス短繊維強化プラスチックの3〜5倍の曲げ弾性率および曲げ強度を示し，マグネシウム合金と類似した変形挙動を示す(**図4-2**)[5]。構造用鋼(密度7.8g/cm³)に対しても，CNFの密度が1.45〜1.50g/cm³であることから，比強度では4倍に達することが明らかにされている[5]。

また，セルロースミクロフィブリルの線熱膨張係数(coefficient of thermal expansion; CTE)は推定値が0.1ppm/Kとされており，これは石英ガラスに匹敵する低熱膨張率である[2]。CNFは100％結晶ではないものの他のポリマー材料に比べて低熱膨張であることが知られており，木材由来CNFで作られたフィルムの熱膨張係数は8.5ppm/Kであったと報告されている[2]。その他の特性とし

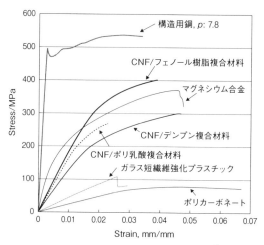

図4-2　CNF材料と他材料の強度特性比較[5]

ては，CNFはナノサイズ効果により可視光の散乱が生じにくくなるため，高い透明性を有することや，乾燥状態では高いガスバリア性が発現すること，水中においては高い増粘効果を示すこと，油相との混合時には乳化剤として働き，安定なPickeringエマルション(pickering emulsions)を形成することなどが知られている[2]。

　CNFは表面に存在するヒドロキシ基(hydroxy group)の影響から高い親水性を示すが，ナノファイバー化前のセルロース繊維の段階で，セルロース表面のヒドロキシ基をアセチル化など誘導体化することにより疎水化することができる。また，TEMPO触媒酸化などの化学前処理CNFでは，対イオン交換によりプラス荷電を有する金属イオンやアルキルアンモニウム塩を導入することで，耐水性や耐湿性の付与が可能である。

(4) セルロースナノファイバーの利用

　軽量で高強度なCNFを補強材として様々な樹脂と複合化した高強度部材の開発が数多く報告されている。親水性のCNFと疎水性の樹脂との複合化にはCNFの表面改質などの技術が有効であり，スポーツシューズ向けCNF複合材料など既に社会実装を果たしたものもある[2]。今後は自動車用部材，建材などの工業部材への展開が期待されている。その他，高いガスバリア性を活かした包

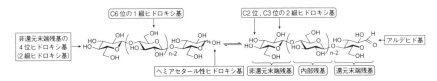

図4-3 セルロースのヒドロキシ基の種類

装材としての利用や,高い透明性と表面平滑性,低線熱膨張を活かし,CNF透明フィルムを電子デバイス部材として利用する研究も行われている。また,水中におけるCNFの独自のレオロジー特性や乳化特性を活かした化粧品原料,食品としての利用も検討されている。

1.2 セルロース誘導体

セルロースは,グルコースが$(1→4)$-β結合した直鎖状の高分子である。グルコースの化学構造を俯瞰すると,C1-C2-C3-C4-C5-O5が形成する6員環構造からなる椅子型配座 $^4C_1$ に対して,C2,C3位のヒドロキシ基,C6位はエクアトリアル位に配置されている(**図4-3**)。同時に,C1,C2,C3,C4,C5上の水素は全てアキシアル位に配置されている。セルロースは,ヒドロキシ基間の水素結合(hydrogen bond),およびC1-C2-C3-C4-C5-O5が形成する6員環構造から垂直方向に存在するC-H基に由来する疎水性相互作用により結晶構造を形成している。C2,C3,C6位のヒドロキシ基に何らかの官能基が導入されると水素結合,および疎水性相互作用が弱まり,結果として一般的な溶媒に溶解するようになる。このように何らかの官能基が導入されたセルロースをセルロース誘導体と呼ぶ。

(1) 工業的に生産されているセルロース誘導体の化学構造

セルロースは工業的製造法で用いられる反応溶媒中で,反応初期では不均一に進行する。反応が進行すると溶媒に溶解し均一に反応が進行する。また,原料のセルロースには結晶領域と非晶領域が存在するため,試薬および溶媒のアクセシビリティが異なり,官能基が密に導入されている部分と疎に導入されている部分ができる。原料のセルロースに分子量分布があるため,セルロース誘導体も様々な分子量を持つ分子の混合物である。また,C2,C3,C6位ヒドロキシ基の反応性が異なることにも注意しなければならない。結果として,得られ

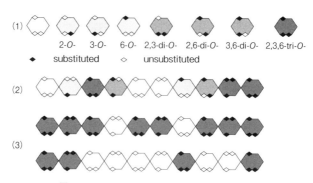

図4-4　セルロース誘導体の化学構造の不均一性
(1)無水グルコース単位内の構造の不均一性，(2)分子鎖に沿った構造の不均一性，
(3)分子鎖間の構造の不均一性

る半合成高分子であるセルロース誘導体の化学構造は不均一なものとなる。

(2) セルロース誘導体の化学構造上の不均一性

　セルロース誘導体の不均一性として図4-4に示す3種類の不均一性を考慮する必要がある。現在の技術では，(1)の8種類の構造を分析することは可能であるものの，(2)，(3)の化学構造不均一性を調べることは出来ない。

　一般的に，汎用的な非破壊分析法である核磁気共鳴分光法(NMR)により，2位，3位，6位の官能基の置換度(degree of substitution: DS)を求め，セルロース誘導体の構造を示す指標とする。DSは無水グルコース単位のヒドロキシ基3つがすべて置換されている場合をDS=3とし，全く置換されていない場合をDS=0とする。よって，DSは0から3の値をとる。2位，3位，6位の官能基のDSをそれぞれ0から1の範囲で示すことが出来るならば，セルロース誘導体の構造の不均一性について，より多くの情報を提供していることになる。

　しかしながら，2位の置換と言っても，2-O-, 2,3-di-O-, 2,6-di-O-, 2,3,6-tri-O-誘導体の構造の2位の置換状態のみをクローズアップしたものであって，真の化学構造の不均一性を表していない。市販のセルロース誘導体で示されている0から3の値をとるDSは工業製品としての最低限の指標値と考えていただきたい。(2)，(3)の化学構造不均一性について，セルロース誘導体を扱っている研究者，技術者は，その構造-物性相関に与える影響が大きいと考えているものの，例えば，(2)の化学構造不均一性，すなわちセルロース分子鎖に沿ってど

のような置換状態のグルコース誘導体が並んでいるか，そのシークエンス構造を製品のグレード等で区別することができない状況である。逆に言えば，(2)の不均一性を制御した様々なセルロース誘導体が工業的に生産できるような技術的なブレイクスルーが待たれている。

一方で，セルロースの難反応性に起因するセルロース誘導体の化学構造の不均一性こそが現在市販されているセルロース誘導体の物性を規定しているとも言える。逆に，異なる化学構造の不均一性，均一性を有するセルロース誘導体の新規合成法が確立されれば，これまでのセルロース誘導体と異なる新たな物性を有する可能性が十分に残されている。

(3) セルロースエステル(cellulose ester)

セルロースエステルは無機酸エステルと有機酸エステルに大別することが出来る。代表的な無機酸エステルとして硝酸セルロースを，有機酸エステルとしてセルロースアセテートを挙げる。

硝酸セルロースは世界初の人工的な熱可塑性樹脂であり，硝酸，硫酸，水を用いて合成され，ラッカーや火薬として利用される。セルロイドは硝酸セルロースと樟脳(モノテルペン)の混合物であるが，燃えやすいという欠点を有していた。そのため，卓球のボールはセルロイド製であったが，現在は使用されていない。

セルロースアセテートは，硫酸触媒下，無水酢酸を用いて合成する。セルローストリアセテート(DS 2.9)およびセルロースジアセテート(DS 2.4)が工業的に製造されている。セルロースジアセテートはセルローストリアセテートを部分的に加水分解し製造される(熟成反応)[7]。

セルローストリアセテートは，写真フィルムとして利用されていたが，フィルムカメラの衰退に伴い，写真フィルムとしての需要も減退した。液晶偏光板保護フィルム，衣料用のトリアセテート繊維，血液透析膜，海水淡水化用中空糸型逆浸透膜としての用途がある。

セルロースジアセテートは，アセテート・トウと呼ばれる繊維を捲縮加工により網目構造としたタバコ用フィルターとして利用されている。ジアセテートはアセトンに溶解するため，工業的に生産する場合にメリットがある。日本の成人喫煙率は近年有意に減少しているため，その需要は漸減すると予想される。

ところで，生分解性プラスチックとして知られているポリ乳酸はコンポスト中，60℃で分解されるが海洋では分解されない。一方で，海洋分解性の高いセルロースアセテートが最近開発されている。このように，セルロースエステルの利用法・ニーズは時代背景により変遷しているが，近年深刻化している環境汚染問題に対応した材料として，再び脚光を浴びている。

(4) セルロースエーテル

代表的なセルロースエーテルのひとつであるカルボキシメチルセルロースは，パルプを水酸化ナトリウムで処理して得られるアルカリセルロースにモノクロロ酢酸を反応させて合成する。カルボキシメチルセルロースはイオン（アニオン）性である。メチルセルロースは，アルカリセルロースに塩化メチルを反応させて合成する。メチルセルロースは非イオン性である。

カルボキシメチルセルロースは，DS 0.5から1.6のものが市販されている[7]。食品添加物用途として，乳酸菌飲料の安定剤を挙げる。その他，歯磨き粉，飼料，石油ボーリング用途で利用されている。

メチルセルロースは，一般的にDS 約1.8のものが市販されている。メチルセルロースの水溶液を加熱すると約60℃付近でゲル化し，冷却すると40℃付近で再びゾル化する。メチルセルロースは様々な用途で利用されており，以下にいくつか紹介する。

セメントモルタルにメチルセルロースを添加すると，保水性，増粘性とチキソトロピー性，セメント硬化時間の延長・セメント水和時間の遅延といった効果がもたらされるため，土木用途として重要性が高い。例えば，明石海峡大橋の主塔部の海中基礎コンクリートには水中不分離性をもたらすメチルセルロースが用いられている。また，メチルセルロースはセラミックの押出成形用バインダーとしてセラミック粒子の分散安定化や焼結前の保形性向上に効果を与えている。医薬品用途として，苦味防止などの機能を有するため錠剤や顆粒剤表面のコーティングに用いられる。食品用途として，例えば可逆的熱ゲル化特性を利用したクリームコロッケのクリームへの添加によるパンクの防止が挙げられる。また，グルテンアレルギーに関連して，グルテン代替材として米粉パンのボリューム維持に用いられる。近年注目されているプラントベース食品（ハンバーグ等）に結着材として使用され，代替肉に弾力感を付与する役割を持

つ。

　その他のセルロースエーテルとして，ヒドロキシプロピルメチルセルロース，ヒドロキシエチルメチルセルロース，ヒドロキシエチルセルロース，ヒドロキシプロピルセルロース，エチルセルロースを挙げる。ヒドロキシエチル化，ヒドロキシプロピル化は，反応試薬としてそれぞれエチレンオキシド，プロピレンオキシドを用いる。エポキシドの開環重合であるため，得られるエーテル基は通常エポキシドのオリゴマーとなり，モル置換度（molar substitution: MS；グルコース残基当たりの置換基の導入モル数）という尺度を用いて化学構造の違いを表す必要がある。ヒドロキシエチルセルロースの主な用途はラテックス塗料の増粘剤・保護コロイド用である。ヒドロキシプロピルセルロースの主な用途は医薬品添加剤である。エチルセルロースは，通常DS 約2.5であり有機溶媒に溶解することから，バインダーペースト基材，塗料，フィルム，医薬品用途で利用される。

(5) 位置選択的置換セルロース誘導体

　実験室レベルでは，一時的保護基であるメトキシトリチル基，テキシルジメチルシリル基を，それぞれ6位，2位と6位ヒドロキシ基に導入する方法を駆使すれば，セルロースから7種の位置選択的置換メチルセルロースを合成することが可能である[8]。

(6) ブロック的置換セルロース誘導体

　セルロースエーテル（cellulose ether）のアルコリシスにより，セルロース分子の非還元末端グルコース残基の4位にのみヒドロキシ基を導入することが可能である。この分子末端に唯一ヒドロキシ基を有するセルロースエーテルをグリコシルアクセプターとして，アクセプターとは異なる官能基を有するセルロース系グリコシルドナーを反応させれば，ブロック的置換セルロース誘導体が得られる。例えば，合成されたブロック的メチル化セルロース水溶液は，自己組織化によりリボン状構造体を形成し，ヒトの体温付近で可逆的熱ゲル化する[9]。

　このように，精密に化学構造が制御されたセルロース誘導体は，市販のセルロース誘導体とは異なる物性を持つことが実験的に立証されている。脱炭素社会の実現に向けて，石油由来高分子を凌駕する特徴を持つセルロース誘導体の開発と上市が期待される。

1.3　セルロース系バイオプラスチック

　カーボンニュートラルをはじめとした持続可能な社会の実現を目指すうえで，『バイオプラスチック(再生可能な生物由来資源を原料とする"バイオマスプラスチック"と，微生物等の働きによって水と二酸化炭素にまで分解される"生分解性プラスチック"の総称)』の積極的な利活用が求められている[10]。なかでも，植物体の構成主成分であるセルロース(非可食性バイオマス)に大きな期待が集まっている。前項(1.2項)のとおり，様々なセルロース誘導体(エステル誘導体・エーテル誘導体)が工業的に生産されているが，単独での熱加工が難しいセルロース誘導体も多く，環境に好ましくない低分子可塑剤(例：フタル酸エステル誘導体)の多量配合を伴った樹脂成形が行われている。こうした問題を解決すべく，グリーンな可塑剤の開発やさらなる置換基(長鎖アルキル基や嵩高い置換基)の導入に加えて，『分子レベル(数nmオーダー)での異種ポリマーとの複合化(≡ポリマーアロイ)』が検討されている。

　セルロース系ポリマーアロイは，①溶液あるいは溶融状態にて異種高分子を(物理的に)混合する『ポリマーブレンド』と，②共有結合を介した強制連結による『共重合体化(例：グラフト化)』に大別できる[11]。前者は2成分を単純混合する利便性の高い手法だが，低分子同士のブレンドと異なり，分子レベルで相溶するポリマーの組み合わせは多くない。他方，化学的な合成ステップ(反応サイトの導入／活性化と枝用モノマーの重合反応)を経る後者のプロセスは，精製操作などの手間はかかるものの，任意のポリマーペアでの複合化を行える。

(1) ポリマーブレンド(外部可塑化)によるバイオプラスチック設計

　環境・生体適合型材料の創製を念頭に，生分解性や生体親和性を有する脂肪族ポリエステルを対成分としたセルロース系ブレンドが報告されている。例えば，微生物産生のポリヒドロキシアルカノエート(PHA)類は，セルロースエステル誘導体(CE)と良好な混合非晶相を形成する[12]。概して結晶化が遅く，機械的強度と熱加工性に劣るPHA類の欠点を，CEとのポリマーブレンドによって克服できる。CE・PHA類と同様，相溶ブレンド体も活性汚泥中で十分な生分解性を示し，その程度は，PHAの結晶化度を始めとするブレンド試料の相構造形態(モルフォロジー)に応じて変化する。

　また，優れた海洋生分解性を示すポリε-カプロラクトン(PCL)とのポリマー

ブレンドでは，CEの側鎖炭素数NやエステルDSが相溶性に及ぼす影響について詳細な知見が得られている[11]。相溶系は$N = 3$-6の高置換CE(DS≧ ~2)を用いた場合に見出され，エステル側鎖長がこれらよりも短い場合は非相溶となり，反対に長い場合にも相溶化しにくくなる。相溶性発現に必要な側鎖炭素数NとエステルDSの値は，セルロース混合エステル誘導体／PCLブレンド系でも概ね適用される。さらに，分子レベルで混在する非晶性CEが希釈剤として寄与するため，相対的に結晶化の速いPCLの結晶化キネティックは相溶ブレンド体では遅くなり，PCLの球晶モルフォロジーも変化する。以上の基礎データを踏まえ，ブレンド組成の選択と熱処理による相構造モルフォロジーの制御を行うことで，バルク体の諸物性の任意設計が期待されている。

その他，ヒドロキシ基を有するポリビニルフェノールやポリビニルアルコール(ポバール，PVA)，環状3級アミドを有するポリアクリロイルモルホリンやポリビニルピロリドン(PVP)といった親水性ビニルポリマーも，セルロース誘導体と良好な相溶性(または混和性)を示す[11]。表面析出(ブリードアウト)などの問題を引き起こさない"高分子可塑剤"と位置付けられ，生分解性・生体適合性を有するPVAやPVPとのブレンド系では，疎水性モノマーとの共重合化によるブレンド体の熱可塑性の向上や親／疎水性・光学特性の制御など，バイオプラスチックとしての高機能・高性能化が検討されている。

(2) グラフト共重合(内部可塑化)によるバイオプラスチック設計

セルロース鎖を骨格("幹")とし，側鎖("枝")として別のポリマー鎖を共有結合で直接連結(枝接ぎ)させるグラフト共重合は，コットン繊維や木質バルク材料の表面改質として古くから利用されてきた方法である。2000年代に入ると，均一溶液系でのセルロース誘導体の反応により，バルク表面だけでなくセルロース分子自体にグラフト鎖を導入する例が報告されるようになった。最近では，セルロース繊維をnmスケールの繊維径にまで解繊して得られるセルロースナノファイバーCNF(1.1項)について，表面グラフト化を施すことで機能性を付与する研究が進められている。

グラフト化のスキームには，幹ポリマー上の反応開始点から枝モノマーを直接重合成長させる『Grafting from法』(図4-5(a))と，予め重合成長させた枝ポリマー(末端官能性ポリマーやリビングポリマー)を幹ポリマーと反応させる

(a) Grafting from 法

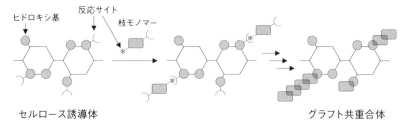

(b) Grafting onto 法

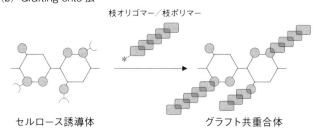

図4-5　グラフト化スキームの模式図

『Grafting onto法』(図4-5(b))がある。Grafting from法は枝モノマーの重合機構の観点からさらに，セルロース分子鎖から水素原子を引き抜いて生成したラジカルを開始点とする枝モノマーの『ラジカル重合』，ヒドロキシ基のアルコキシド化からの『アニオン重合』，ヒドロキシ基を開始点として枝モノマーを『重縮合』あるいは『開環重合』でグラフト化する方法，に分類できる。ただし，いずれの方法でも，グラフトせずに重合した枝用モノマーのホモポリマー体・ホモオリゴマー体の副生を避けることは難しい。

　グラフト共重合体の諸物性は，導入される枝ポリマーの種類や導入量，枝鎖重合度(DP_s)，枝密度などの分子構造によって特徴づけられる。なかでも，生分解性の脂肪族ポリエステルを枝鎖として導入するグラフト共重合では，単独ポリマーでは達成しがたい生分解速度や分解領域の制御を行える。例えば，幹鎖となるCEの残存ヒドロキシ基を開始点として，枝鎖となる脂肪族ポリエステルのヒドロキシ酸モノマーを直接脱水重縮合，あるいは環状エステルであるラクトンやヒドロキシ酸の環状二量体であるラクチドを開環重合で導入する

ことで，種々のCE-graft-脂肪族ポリエステル(ポリ乳酸やPCLなど)が合成されている。グラフト体の枝密度(開始点密度)は出発CEの置換度DSを変化させることによって，また脂肪族エステルの導入率(モル置換度MS)は触媒種を含めた反応条件によって，それぞれ調節できる。幅広い共重合組成(幹／枝成分比)のグラフト共重合体が合成されており，その明確な分子構造に基づいて，熱・力学物性との相関や，熱処理に伴う分子凝集構造の発達(非晶体積緩和や枝鎖ポリエステルの結晶化・球晶成長)と酵素分解挙動への影響，分子運動・配向挙動に関する幹鎖–枝鎖の相溶性と連結効果について，定量的な議論が行われている[11]。一連の成果をベースに，溶融法による繊維・フィルムの試作が行われており，枝成分選択脱離による成形物の微細切削(大表面積化)と光学機能(構造色の発現)の付与といった，新たなバイオプラスチックの設計コンセプトが提起されている。

また直近約20年の間で，原子移動ラジカル重合(ATRP)法に代表される制御リビングラジカル重合法に関する研究が進展し，重合度や分子量分布が精密に制御されたポリマーの合成が可能となっている。このATRP法をセルロース誘導体のグラフト共重合体に適用することで，分子量分布が狭く長い枝鎖(枝鎖重合度DP_sは数十以上)を持つグラフト体が合成できる[11]。元来非相溶なビニルポリマーとの緊密複合化によってセルロース誘導体の熱可塑性を達成できるだけでなく，グラフト共重合体の分子構造の緻密な制御によって光学機能(例：配向複屈折)の精密調整が可能となる。

(3) 外部可塑化と内部可塑化の併用による高機能繊維の設計

嵩高すぎる置換基を導入すると，セルロース分子鎖間の相互作用が弱まるため，組成物は十分な繊維・フィルム強度を示さない。そのため，適切な置換基の選択とその置換度DSの制御が重要となる。さらに，環境負荷の小さい外部可塑剤(適度な分子量の相溶対成分)を併用(少量添加)することで，熱可塑性だけでなく熱流動性を格段に高めた組成物とすることもできる。特に好適な伸張流動性(≡製糸性)を付与した組成物からは，『溶融紡糸』による安定なフィラメント製造が可能となる。併用の外部可塑剤が繊維・テキスタイルの精錬過程(soaping)で容易に除去しうる場合には，天然セルロース繊維よりもワンオーダー細い，μmオーダーのセルロース系極細繊維が得られる。この路線に沿っ

た最大の成果として，Foresse®(東レ)の開発が挙げられる[11, 13]。Foresse®はセルロース誘導体の低屈折率に起因して優れた染色性・発色性を示し，残存ヒドロキシ基の寄与によって吸放湿や制電性も良好な繊維である。

溶融紡糸では，溶剤を使用する『湿式紡糸』や『乾式紡糸』とは異なり，紡糸工程における有害な有機溶媒の暴露や環境中への流出リスクがなく，溶剤回収工程も不要となる。生産工程のグリーン化のみならず，繊維の紡糸速度の高速化や口金の設計に応じた多彩な繊維断面形状(例：中空繊維)の設計が可能であるなど，多くのメリットを有する。今後メディカル分野での需要が期待されているキチン・キトサンへの適用など，更なる高機能繊維の開発が望まれる。

1.4 その他

本項では，1.1～1.3項で扱われた以外のセルロースの活用例3例を概説する。

(1) 酸加水分解セルロース(セルロースナノクリスタル)[14, 15]

1.1項で述べられた通り，天然セルロースはミクロフィブリルと呼ばれる準結晶性の微細繊維として存在している。これらの天然セルロースを酸(例えば2.5～5mol/Lの塩酸)で煮沸するといわゆるレベルオフ重合度(level-off degree of polymerization: LODP)に到達することが1950～60年代に見出された。この現象は当初，ふさ状ミセル構造のセルロースミクロフィブリルが非晶部分から加水分解されるモデルにより説明されたが，近年ミクロフィブリルに沿った電子線回折などによってそのような非晶部の内在は否定されており，乾燥に伴うミクロフィブリル内欠陥の形成が示唆されている。酸加水分解により得られた粒子の残渣をさらにホモジェナイザーで粉砕すると，粒径1μm以下の微粒子から構成される分散性のよいスラリー状懸濁液が得られ，食品添加物や化粧品，薄層クロマトグラフィーの担体やセルラーゼ反応の基質などに利用された。

粉砕に伴い，サブミクロンサイズで高い軸比を有する棒状コロイド粒子が電子顕微鏡で多く観察されるようになる。これらはセルロース結晶の棒状粒子であり，セルロースナノクリスタル(cellulose nanocrystals: CNC)と呼ばれる。セルロースナノウィスカー(cellulose nanowhiskers: CNW)という名称も使われるが，同一の試料を指す別名称でありどちらを用いてもよい。上述した2.5mol/L塩酸加水分解や65%硫酸を用いた加水分解によりCNCの水懸濁液を得ることができる。後者の条件，いわゆる65%硫酸加水分解は分散性のよいCNC懸

第1節　セルロース

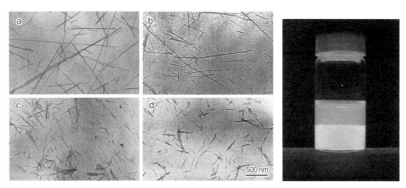

図4-6　(左) (a)シオグサ, (b)バクテリアセルロース, (c)麻, (d)綿の硫酸加水分解により調製したCNCの電子顕微鏡写真。(右)濃度約5％で光学的等方相(上)および光学的異方相(下)に相分離した綿由来CNC懸濁液を偏光下で撮影した写真(いずれも著者撮影)。

濁液を比較的高収率で得られるため，現在までセルロース酸加水分解条件の標準となっている。CNCの研究は半世紀以上前に端を発し，近年もなお精力的な成果が発表され続けている。

図4-6の電子顕微鏡写真に示すとおり，CNCの幅および長さはセルロースの起源によって大きく異なる。電顕観察のオーダーを越えるといわれるミクロフィブリルに比べるとCNCの長さはかなり短い。加水分解による非晶部の損失，処理時の撹拌や超音波処理など様々な外部の力によって，典型的な長さは300 nm以下(高等植物由来CNCの場合)まで小さくなる。幅はミクロフィブリルおよび同じ出発原料から調製したセルロースナノファイバー(CNF, 1.1項参照)とほぼ同じであり，CNCは短く寸断されたCNFと呼んで差し支えない。酸処理によって非晶性の部位が失われ結晶性部位がCNCとして残るのであるが，それ以外の多くの特性はCNCおよびCNFの両者に対して共通である。

CNCは棒状コロイド粒子系に特有の多くの現象を示す。例えば，CNC水懸濁液の粘性は棒状粒子系に特徴的なずり流動性を示し，電解質の添加により板状凝集を形成すると大きく変化する。また，結晶性で異方性形状を持つCNCの懸濁液は典型的な液晶性を示す。ほかの棒状粒子系と同様に偏光下で複屈折性を示すことに加え，約5％以上に濃縮したCNC水懸濁液は自発的に2相，すなわち光学的異方相と等方相に分離し，下側の異方相中でCNCがキラルネマチック(コレステリック)配列(chiral nematic arrangements / cholesteric arrangements)をとる。これらの液晶性懸濁液を乾燥したフィルム中では棒状粒子のらせん配列が保持され，可視光の波長をブラッグ反射するため光学的機能材料への応用も試みられた。電解質の存在の有無や調製法により他の相(ネマチック相やその他の特殊な液晶相)を示すこともある。

　コロイド科学の観点から見ると，CNC懸濁液が凝集を形成せず安定に分散するためには，(i)静電安定化(electrostatic stabilization; 粒子表面への荷電基導入による静電反発)，ないし(ii)立体安定化(steric stabilization; 表面へ結合ないし吸着した鎖状分子間の立体障害による反発)が有効である。この20年ほどの間に，表面の水酸基を起点とした種々の荷電基を制御して(荷電基量を調節して)導入する数多くの静電安定化法，ならびに，それら荷電基あるいはもともと持つヒドロキシ基を反応の起点とした広範な種類の高分子鎖を結合し，立体安定化する多くの手法が報告されている。表面荷電基の定量は，伝導度滴定法(conductometric titration, ISOに規定されている)，あるいはカチオン性色素であるトルイジンブルー○の吸着により可能である。立体安定化されたCNCは電解質の存在下でも安定に分散する。さらに，水のみならず種々の(特に低誘電率で水と混和しないような)有機溶媒中に分散することも可能であり，非水系高分子と混合してナノコンポジットを形成するのに有利である。

　CNCは「低比重の割に高強度である」「熱膨張率が低い」「表面修飾により物性を様々に調節可能である」「燃焼しても有害廃棄物を発生しない」「毒性がない」といった数多くの利点を有する有望なナノ材料である。最も多く研究されているのは，CNFと同様，ナノコンポジット(nanocomposites; ナノサイズフィラーを含有する複合材料)のフィラー用途であろう。1995年に発表された，ホヤ外套膜由来CNCにより補強された共重合ポリマーのフィルムが端緒であり，1%程度のCNC添加による弾性率の急激な増加，ガラス転移温度以上における弾性率維持を報告している。その後，現在に至るまでの約30年にわたり膨大な数の研究が報告されてきている。フィルムのほかにも，化学架橋ヒドロゲルの補強，湿式紡糸される合成繊維の補強などが可能である。

　ナノコンポジット以外の材料応用も多く，著者らは表面に金属ナノ粒子(金，銀，etc.)を吸着して両者の特性を備え持つハイブリッドCNC粒子，湿式紡糸により高度に配向CNCのみから構成される繊維，布に塗布することにより布

の物性を悪化させずに高い消臭性能を付与できる修飾CNC,染料結合により多彩な色彩および機能をインクジェット可能なCNC顔料インクなどを開発してきている.

(2) 化学パルプ(溶解パルプ)[16]

木材パルプは紙に代表されるセルロースの利用法として,また他のセルロース材料調製のための原料としても重要であるが,機械処理のみで粉砕される機械パルプと,漂白(脱リグニン)のために蒸解と呼ばれる化学反応を用いる化学パルプに大別される.また,目的によって,製紙のために用いられる製紙パルプ,およびセルロース誘導体などの原料として用いられる溶解パルプに分類される.製紙パルプについては本講座の第4巻「木材の化学」第10章の説明が詳しいので,本項では溶解パルプ(dissolving pulp)について説明する.

紙としての力学強度が要求される機械パルプに比べ,溶解パルプは主に溶解して再生セルロースないしセルロース誘導体を製造するという異なる目的のために製造される.したがって,セルロース純度が高く(>90%)ヘミセルロースやリグニン含量が低いこと,溶剤に溶解しやすく後の反応系で化学反応を受けやすいこと,といった特性が要求される.さらに分子量分布が均一で白色度が高いなどの特性を有する.原料としては木材が90%以上を占め(ただし収量が30～35%と低い)残りの約10%が綿由来であるが,近年は農産廃棄物からの製造も多く試みられている.従来多くを占めていたサルファイトパルプ(SP)に代わり,近年は前加水分解処理を行う手法(prehydrolysis kraft pulping: PHK)によるクラフトパルプが主流となってきている.また2006年ごろから,冷苛性ソーダ抽出(cold caustic extraction: CCE)法,ニトレンあるいは銅エチレンジアミンによる前抽出,酵素処理,イオン液体処理などによってヘミセルロースを抽出し高セルロース含有量の溶解パルプを得る「直接パルプ化法」も多く試みられてきている.

上述した溶解パルプの特性,すなわち高純度,高溶解性,高反応性などを活かした溶解パルプの応用例としては,再生セルロース材料(ビスコースレーヨン・セロハンフィルムなど),各種セルロース誘導体(セルロースエーテル・セルロースエステルなど)の製造が挙げられる.架橋による高吸水性樹脂の製造,ブレンドポリマー,グラフト共重合体の出発原料としてもよく用いられる.さら

に，1.1項で解説されたセルロースナノファイバー(CNF)の原料として溶解パルプを用いた例も数多く報告されている。

(3) セルロースゲル[17]

一般にゲルとは，高分子鎖間が微小な凝集または化学結合により架橋されたネットワークが溶媒を含んで膨潤したものを指す。ここではより広く，セルロースならびにその誘導体が溶媒を含んで形成した膨潤体について解説する。前者，すなわち未修飾のセルロースの場合は，セルロースが可溶な溶媒(ジメチルアセトアミド／LiCl，N-メチルモルホリン-N-オキシド，イオン液体，NaOH／尿素混合溶媒など)に溶解した後，水やアルコールなどの貧溶媒内で凝固させて得たゲルが多い。これらは溶解により離れ離れになったセルロースの分子鎖が，貧溶媒中で部分的に会合して微結晶を形成し，溶媒を含んで固化したいわゆる物理ゲル(physical gels)である。例外として，酢酸菌が培養の過程において培地上に形成するバクテリアセルロース(BC)は，セルロースミクロフィブリルが3次元網目を形成した天然セルロースゲルであり，ナタデココとしてそのまま食用に用いられる。対して後者のセルロース誘導体からなるゲルはさらに2種に大別される。ひとつは上述と同じく主鎖どうしの会合による物理ゲルであるが，特に水溶性セルロース誘導体(メチルセルロースなど)の水溶液を加熱することにより疎水性相互作用が増加して熱可逆性の物理ゲルを形成する例が多い。もうひとつは，水および種々の有機溶媒に誘導体を溶解し，溶媒中で主鎖間を共有結合により架橋する，いわゆる化学ゲル(chemical gels)である。架橋は主鎖上に存在する官能基どうしを化学結合形成により結ぶ架橋剤(crosslinking agent)によるもの，またはガンマ線などの電磁波照射により主鎖上にラジカルを発生させて進行するラジカル架橋(radical crosslinking)が用いられる。ラジカル架橋は，時に毒性の高い物質が含まれる架橋剤を用いない点で食品や医薬分野への応用に有利である。

　セルロースおよび誘導体の単独で作製されるゲルは，その優れた生体適合性を活かして食品や医薬品，生体医療などの分野への応用例が多い。BCやセルロース誘導体のゲルは，ドラッグデリバリーシステム(DDS)や組織工学の足場材料への応用がさかんに試みられている。加えて，セルロース自身にない機能を付与したゲルを作製するために他の物質と組み合わせたハイブリッドゲル

の研究が広範に展開されている。例えば生体高分子(キトサン・ヒアルロン酸・アルギン酸など)との組み合わせによるDDSゲルや重金属除去剤，合成高分子(PVAなど)との組み合わせによる生体組織材料や浄水材料，無機材料(ヒドロキシアパタイト，量子ドットなど)との組み合わせによる整形外科材料や発光ゲルなど，様々な特性を有するゲルの作製が報告されてきている。

● 主な参考文献

1) ISO/TS 20477: 2017："Nanotechnologies—Standard terms and their definition for cellulose nanomaterial"
2) 矢野浩之ら監修："セルロースナノファイバー 研究と実用化の最前線"，株式会社エヌ・ティー・エス（2021）
3) A. Isogai et al.："Review: Catalytic oxidation of cellulose with nitroxyl radicals under aqueous conditions", Prog. Polym. Sci., **86**, 122-148（2018）
4) 新エネルギー・産業技術総合開発機構（NEDO）：「セルロースナノファイバー利用促進のための原料評価報告書」（2020）
5) ナノセルロースフォーラム："図解よくわかるナノセルロース"，日刊工業新聞社，**29**（2015）を一部改変
6) 高分子学会編："高分子材料の辞典"，朝倉書店（2022）
7) セルロース学会編："セルロースの辞典"，朝倉書店（2000）
8) 上髙原 浩："セルロース誘導体の置換位置制御と機能化"，木材学会誌，**60**（3），144-168（2014）
9) A. Nakagawa et al.："Physical properties of diblock methylcellulose derivatives with regioselective functionalization patterns: first direct evidence that a sequence of 2,3,6-tri-O-methyl-glucopyranosyl units causes thermoreversible gelation of methylcellulose", J. Polym. Sci., Part B: Polym. Phys., **49**（21），1539-1546（2011）
10) 木村俊範監修："バイオプラスチックの最新技術動向――真の普及を目指して――"，シーエムシー出版（2022）
11) Y. Nishio et al. eds.："Blend and Graft Copolymers of Cellulosics", Springer（2017）
12) K. J. Edgar et al.："Advances in cellulose ester performance and application", Prog. Polym. Sci., **26**, 1605-1688（2001）
13) 本宮達也監修：""ファイバー"スーパーバイオミメティックス――近未来の新

技術創成——", エヌ・ティー・エス出版, 248-253 (2006)
14) J. Araki : "Electrostatic or steric? —preparations and characterizations of well-dispersed systems containing rod-like nanowhiskers of crystalline polysaccharides", *Soft Matter*, **9**, 4125-4141 (2013)
15) 荒木 潤, 野口 徹監修:"第14章 CNCの凝集特性と表面修飾による分散", :"ナノカーボン・ナノセルロースの分散・配向制御技術", シーエムシー出版, 269-277 (2021)
16) H. Kumar, L. P. Christopher : "Recent trends and developments in dissolving pulp production and application", *Cellulose*, **24**, 2347-2365 (2017)
17) C. Chang, L. Zhang : "Cellulose-based hydrogels: Present status and application prospects", *Carbohydr. Polym.*, **84**, 40-53 (2011)

第2節　リグニン

2.1　工業リグニン(technical lignin)

植物体に存在している状態のものを"リグニン"と呼ぶことから, 化学的・物理的に処理して単離してきたものは"リグニン誘導体"とするのが正しい。本書ではリグニン誘導体のなかでも工業的に得られるものを"工業リグニン"とした。

　リグニンは比較的反応性が高いため, 一概に工業リグニンといっても, 単離方法によってその性質は大きく異なる。図4-7に, 工業リグニンを得る方法について簡単に図示した。大別すると, ①リグニンを溶解させ, セルロースと

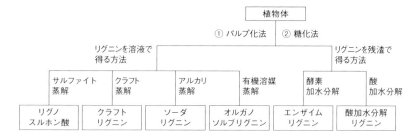

図4-7　工業リグニンの製造方法

ヘミセルロースを固形分として得る　②セルロースとヘミセルロースを溶解し，リグニンを残渣として得るの2種類となる。①の方法はパルプ化であり，②は糖化である。

この章では，代表例として，クラフトリグニンとリグノスルホン酸（パルプ化法），および酸加水分解リグニン（糖化法）を取り上げる。なお，リグノフェノール（糖化法），グリコールリグニン（パルプ化法）については，次章以降で述べる。

(1) クラフトリグニン

NaOHとNa$_2$Sを含む蒸解液にて木材チップを高温で反応させる（クラフト蒸解）と，リグニンは分解し，クラフトリグニンとなって蒸解液に溶解する。この蒸解液を黒液と呼ぶ。通常のクラフト蒸解システムでは，この黒液は濃縮された後，発電用ボイラーで燃焼されサーマルリサイクルされる。

クラフト蒸解中でのリグニンの反応例を図4-8に示す。リグニンがアルカリ中でキノンメチド構造を形成した後，α位にHS-が攻撃し，さらに導入されたSH基が隣接するβ位炭素を攻撃することにより，β-O-4構造が分解され，低分子化が起こる。

この反応からわかるとおり，低分子化が進むにつれフェノール性ヒドロキシ基が増加する。スプルースの場合，元のリグニンに対して約2倍多くフェノール性ヒドロキシ基を有する。このように，ヒドロキシ基を多く含むことがクラフトリグニンのひとつの特徴といえる。

クラフトリグニンから機能性物質への変換を考える場合，フェノール性ヒドロキシ基の利用がファーストチョイスとなる。古くからフェノール樹脂・接着剤への利用が行われてきており，1970年代にはフィンランドでクラフトリ

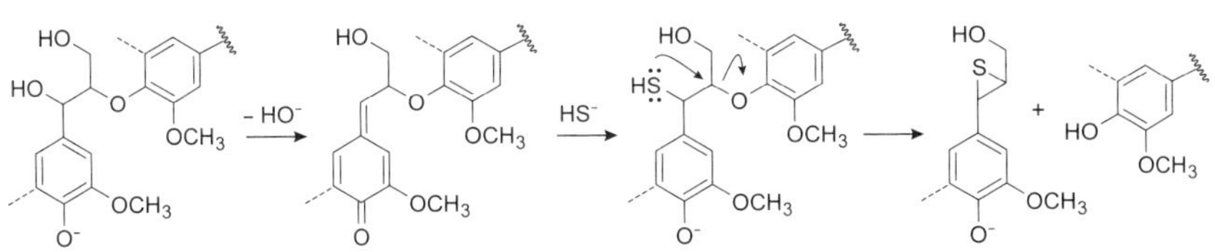

図4-8　クラフト蒸解中におけるリグニン（β-O-4結合）の反応例

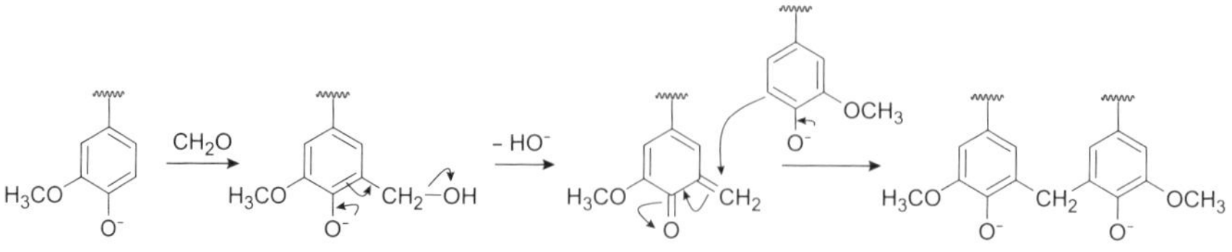

図4-9 工業リグニンとホルムアルデヒドとの反応例

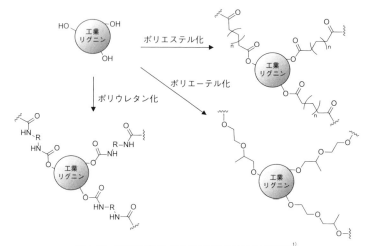

図4-10 工業リグニンからの機能性高分子への変換例[1]

グニンを用いたフェノール－ホルマリン樹脂(PF樹脂)製造プラントが設立されている。アルカリ中でのホルムアルデヒドとクラフトリグニンの反応例を図4-9に示す。

この反応性は，原料樹種によって大きく異なる。広葉樹リグニンにはシリンギル単位が含まれており，フェノール部分の遊離5位の数が減少するため，針葉樹クラフトリグニンは広葉樹のものよりもPF樹脂の製造に有利である。

フェノール樹脂以外にも，豊富に存在するヒドロキシ基を利用し，ポリエステル，ポリウレタン，ポリエーテル等も製造することが可能である(図4-10)[1]。

(2) リグノスルホン酸

木材チップを亜硫酸と亜硫酸塩の混合溶液で蒸解(サルファイト蒸解)するこ

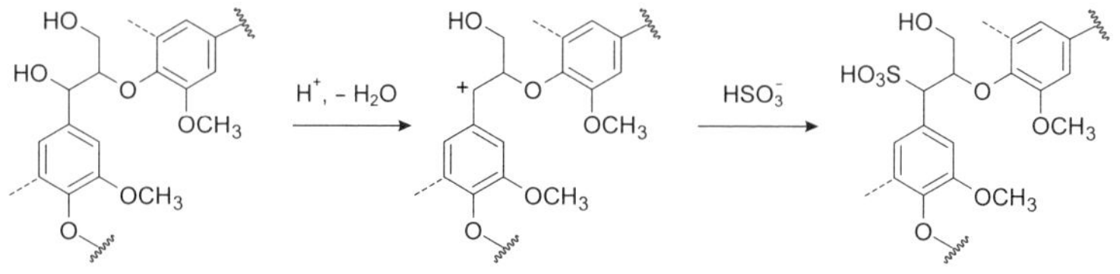

図 4-11 酸性サルファイト蒸解におけるリグニンの反応例

とによって，リグニンをスルホン化し，蒸解液に溶解させる。このスルホン化されたリグニンはリグノスルホン酸と呼ばれる。

クラフト蒸解がアルカリ性であるのに対し，サルファイト蒸解は酸性から中性で行われる。**図 4-11** に酸性サルファイト蒸解におけるリグニンのスルホン化を示す。フェニルプロパン単位当たり 0.6 個程度スルホン酸基が導入されれば，可溶化される。

リグノスルホン酸は，フェニルプロパン骨格の高分子に親水性のスルホン酸基が導入された高分子電解質の構造を有する。この特徴を生かし，現在，セメントなどの分散剤に多く使用されている。

セメント粒子は水と混ぜると水和物結晶を形成し，それがセメント粒子間を充填することで強固な構造体となる。作業性を考えた場合，セメントスラリーの流動性が高いほど望ましいが，粘度を低下させるために水を多く添加すると，粒子間隙が大きくなるため，水和物結晶の充填が不十分となり，構造体の力学的強度が低下する。リグノスルホン酸をセメントスラリーに添加すると，セメント表面にリグノスルホン酸が吸着し，静電気反発と高分子性による立体障害により，セメント粒子の分散性が向上し，水の増添なしにセメントスラリーの流動性を著しく向上させることができる（**図 4-12**）[2]。

リグノスルホン酸は生理活性を有することも知られており，動物飼料の添加物や植物成長剤として利用，胃潰瘍の発症抑制[3]や抗ウイルス活性[4]などの薬理効果が報告されている。

クラフトリグニンと同様に，リグノスルホン酸からもフェノール樹脂，ポリエステル，ポリウレタンなども合成可能である（**図 4-10**）。ただし，スルホン酸基が導入されていることから，耐水性などが低下することに注意が必要である。

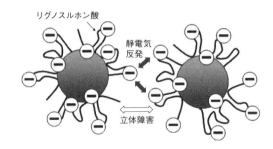

図4-12　リグノスルホン酸の分散剤としての機能発現機構

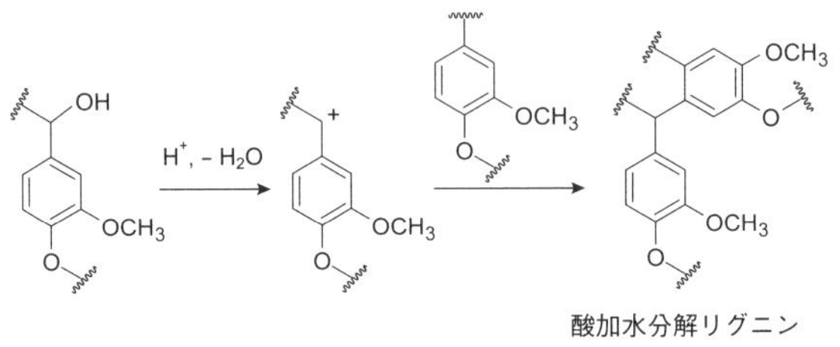

図4-13　酸加水分解反応におけるリグニンの反応例

(3) 酸加水分解リグニン

木材に硫酸などを加え加熱処理を行うと，セルロースやヘミセルロースなどの多糖類は加水分解され，単糖類などに変換される。一方，リグニンは縮合反応を起こし，有機溶媒にも溶けない樹脂状物質(酸加水分解リグニン)となる(**図4-13**)。

酸加水分解リグニンの化学反応性は非常に低く，利用価値は高くないとされてきたが，近年，アルカリ水熱処理による水可溶性高分子への変換が可能となった。この水溶性高分子にスルホン酸基やアミノ基を導入することにより，分散剤や凝集剤を合成することができる。さらに，高い生理活性を示すことから，植物成長促進剤として利用することもできる。[5]

2.2　リグノフェノール

リグノフェノールは植物細胞壁中の天然リグニンの主鎖のβ-O-4型アリールエーテル結合を主骨格として，フェノール誘導体を高頻度かつ選択的に側鎖Cα位にC-C結合を介して導入したフェノール性の直鎖型リグニン誘導体高分

子である。高収率で得られ，直鎖性に基づく溶媒可溶性，熱溶融性や化学反応性，生分解性などの特徴を示す。リグノフェノールは総称であり，分子設計によって単一または混合物のフェノール種を選択することができる。ここではリグノフェノールの合成法と化学構造，物性，資源循環性そして応用例を示す。

(1) リグノフェノールの合成

リグノフェノールは植物の粉体等を原料として，疎水性のフェノール類と親水性の濃酸の二相分離系において常温・常圧，1時間の反応によって，加水分解糖類を含む酸層との分離後に精製され，主に固体として高収率で回収される（相分離系変換システム）[68]。天然リグニン(**図4-14**(A))と親和性があるフェノール類は反応試薬，リグノフェノールの抽出溶媒，酸からの保護剤として，また酸はリグニンの反応の触媒，炭水化物の膨潤・加水分解の試薬と抽出溶媒としてそれぞれ機能する。フェノール類で溶媒和するため反応活性部位であるα位に対し構造選択的にフェノール類が導入され，化学的に安定化したリグノフェノール(**図4-14**(B))が高収率で得られる。常温・常圧下のため脱水や酸化，置換などの複雑な副反応が抑制され天然リグニン骨格に含まれる官能基が変性な

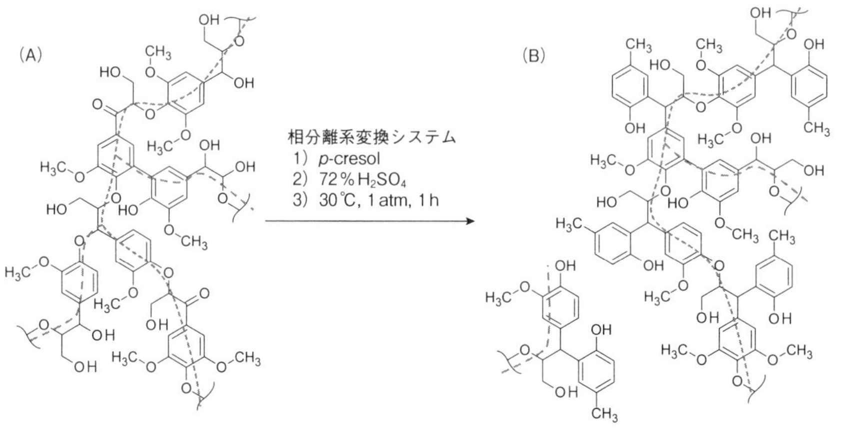

図4-14 相分離系変換システムによる広葉樹天然リグニン6量体を原料としたリグノフェノール(*p*-cresol type)の合成のモデル図
(A)広葉樹天然リグニン，(B)広葉樹由来リグノフェノール(*p*-cresol type)のモデル構造。実際の合成では炭水化物の膨潤・加水分解が同時に進行する。灰色の点線は天然リグニン由来の主鎖を示す。

く残っている。同時に炭水化物は膨潤，加水分解を受け酸に溶解し，化学・生物学的利用に適した状態で回収される。リグノフェノールの収率は最大110％になり，加水分解された炭水化物と併せてバイオマス利用率は95％に達する。リグノフェノールと炭水化物が結合したナノサイズのセルロースを含む複合体も分離回収され，植物原料の全量を素材として活用できる。[6-8]

　リグノフェノールならびにその誘導体の構造は分子設計によって目的に応じて，(1)植物種(針葉樹，広葉樹，草本類など天然リグニンの構造に応じて)，(2)導入フェノールの種類と組み合わせ，(3)酸の種類と濃度，(4)精製プロセス(溶媒と沈殿方法)，(5)反応条件(時間，温度，濃度)，(6)炭水化物との複合の程度などを制御できる。さらに，豊富な官能基を化学修飾することによって機能性の付与あるいは抑制による安定化が可能である。これらの詳細な化学構造はフーリエ変換赤外分光(FTIR)や紫外可視分光(UV-Vis)，核磁気共鳴分光(NMR)，サイズ排除クロマトグラフィー(SEC)などで観測することができる。[6-10]

(2) リグノフェノールの化学構造

　リグノフェノールは天然リグニン(**図4-14**(A))の主骨格であるβ-O-4型アリールエーテル結合(全結合の50～60％)を主骨格とした，1,1-ジ(アリール)プロパン-2-O-アリールエーテル-3-オール型の基本ユニットを高頻度で有する直鎖型高分子の総称である(**図4-14**(B))。天然リグニンのモノマー単位であるフェニルプロパン骨格(C_9)は脂肪族のグリセリンのC1位と，o-メトキシフェノール(メトキシ基をひとつ持つグアイアシル構造の場合)の芳香環のC4位が結合した構造を有し，芳香族と脂肪族の性質を併せ持っている。リグノフェノールはこれらの構造を保持し，ランダムな縮合をせずに抽出される。その結果，淡いベージュの外観の固体として得られる。テトラヒドロフラン(THF)溶液のUV-Visスペクトルでは280～290nmに極大吸収があり，また，400nm以上には吸収が見られないことからC_9単位のひとつの芳香環の共役系がエーテル結合で分断され独立していることがわかる。[11] 平均分子量はポリスチレン換算でMn = 20000～3000であり，多分散度(Mw/Mn)は直鎖型の特徴を示す1.5～3.5である。主鎖構造は枝分かれのあるアリールエーテル結合で，代表的な官能基としてCγの一級OH(1.0mol/C_9)，フェノール性OH(1.0～1.2mol/C_9)，メトキシ基(針葉樹：1.0mol/C_9，広葉樹1.5～2.0mol/C_9)，リグニン由来の芳香環(1mol/

C_9），導入されたフェノール構造（$0.7 \sim 0.9\,\mathrm{mol}/C_9$）が含まれている（**図 4-14**(B)）。天然リグニンの二級のベンジルOHや残渣リグニンにも多く見られる各種アルデヒド，ケトン，カルボキシ基などのカルボニル構造はほとんど検出されない。[6-10]

(3) リグノフェノールの物性

リグノフェノールはエーテル，脂肪族・芳香族炭化水素，ハロアルカン，水，酸水溶液に不溶であるが，THF，ジオキサン，アセトン，ピリジン，DMF，DMSO，アルコール，アルカリ水溶液に易溶で褐色の溶液となる。そのためUV-Vis，NMR，SEC分析が可能であり，溶液中での有機合成や複合体調製が容易である。固体は非晶であり圧縮すると褐色の透明固体となる。熱機械分析（TMA）によるガラス転移点（Tg）付近において明確な熱流動を示して液体となり，固化すると光沢のあるフィルムとなる。広葉樹由来リグノフェノール（p-cresol type）では植物の種類によって$150 \sim 170\,°C$，針葉樹では$160 \sim 180\,°C$で溶融する。この温度領域では構造の一部が熱分解する。[6-8] Tg付近では主に未反応のベンジル位やγ位OHが反応し2～3%の質量減少が熱重量分析（TGA）で観測される。この反応性は熱履歴の付与，OHの化学修飾，アルカリ処理で抑制され熱安定性を$100\,°C$以上改善できる。Tgは示差走査熱量計（DSC）や動的粘弾性分析（DMA）でも観測され，また，$220\,°C$での溶融液体の粘度は$10^3\,\mathrm{Pa\,s}$であり液体としての性質を示した。[9,10,12,13,14] さらに分子間相互作用が強く働くためタンパク質や酵素に対する親和性が木粉やほかのリグニン試料より高くなり，また色素や金属イオン，ナノ粒子を含む微粒子の吸着性も同様に高い。さらに生分解性が土中分解や白色腐朽菌分解によって確認されている。[6-10,12,13]

(4) 循環型素材としてのリグノフェノール

森林土壌中の天然リグニンの分解は遅く，時間経過とともに多段階的に進行し，多様な誘導体が水やミネラルの保持，殺菌やpH制御など多くの機能と役割を果たしながら変化している。その過程で光合成によって蓄積されたエネルギーを徐放する多段階的でなめらかな物質循環が長期にわたる森林土壌の維持と機能の発揮に対して重要な役割を果たしている。最終的に分解されてCO_2となり光合成と生合成を経て植物細胞壁が再生される。その循環の中においてリグノフェノールの生成を天然リグニンの一次機能変換と考える。導入フェノールOHに対しo-位がリグニンと結合している場合，塩基性条件下で$140\,°C$

第4章　バイオマテリアル

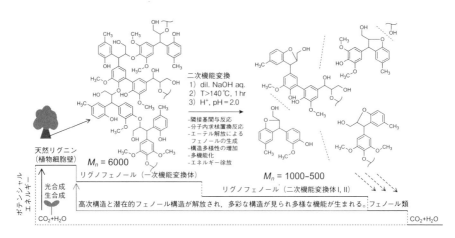

図4-15　森林資源の多段階的でなめらかな炭素循環とエネルギーの徐放の流れと広葉樹リグノフェノール(*p*-cresol type)の機能変換のフロー図

まで加熱するとフェノキシドイオンが隣接基関与効果により主鎖のβ位に求核置換反応を起こす。主鎖の解放と同時に五員環のアリールクマラン型構造を形成し，エーテル結合からフェノール構造が形成される(フェノールスイッチング機能，二次機能変換反応)[6,8](**図4-15**)。数平均分子量が一例では6000から1000〜500まで低下する。この反応で化学構造に加えて性質が大きく変化する。例えば酵素や色素の吸着，生分解性樹脂の可塑効果，光電変換デバイスの光増感機能が大幅に増加する。より高温ではスチルベン構造など異なる機能を持つ分子が誘導される。さらに，これらの低分子誘導体中のエーテル結合がルイス酸との反応で解放されてフェノール類として回収され原料に再生できる[9,10,12,13]。このように分子設計によって多段階の循環利用が可能となり，循環下流で高機能で高付加価値な素材が誘導できる。

(5) リグノフェノールの応用事例[6-10, 12, 13]

　リグノフェノールの合成の工業化を含め材料から医薬用途まで多様な分野において高付加価値材料への応用が検討されてきた[11]。循環型パルプ複合材料，自動車部品(ボデー，粉体塗装)，複合フィルム(生分解樹脂可塑剤)，木材表面加工，無機物(鉄，酸化チタン)複合体，透明ポリカーボネート複合体，熱安定化処理(T_{d5}で300℃超)，透明樹脂(OHのエーテル化)，ネットワーク化(フェノール樹

脂，ウレタン樹脂，エポキシ樹脂化，エポキシ樹脂硬化，酵素重合，シリカ複合体)，電子伝達材料化(導電性樹脂複合，光電変換素子，長Stokesシフト材料)，生理活性材料(HIV-1阻害，アレルゲン捕捉，糖尿病腎症，Na^+，K^+代謝調整機能，血圧上昇抑制，脳卒中予防，細胞アポトーシス調整)，吸着性(鉛蓄電池改質，貴金属選択回収，酵素固定化，色素吸着回収，無機物選択吸着)，炭素の利用(分子ふるい分離膜，炭化結晶化)，ルイス酸によるフェノール回収が試みられてきた。いずれも化学構造を設計し，合成，分析したうえで実施されてきた。近年，困難であった汎用樹脂との複合や選択的タンパク質吸着，光吸収緩和機構の解明[11]，炭水化物利用を含めた高効率の大量合成法の検討など実用を考慮した研究の深化が続いている。

2.3 グリコールリグニン

様々な工業リグニンが調製されているが，芳香族系高分子としてのポテンシャルを生かした高機能材料への展開は，研究開発例が多数存在するものの実用化に至った例が少なく本格展開が待たれている。高強度で高耐熱性などの高性能なプラスチックは，エンジニアリングプラスチック(エンプラ)やスーパーエンジニアリングプラスチック(スーパーエンプラ)などと呼ばれ，多くは芳香族系高分子であるが，これらにおいても化石資源代替となるバイオマスの活用が期待されている。しかしながら，高性能材料は，精密な分子設計による高い性能の獲得に加え，バラツキの少ない性能安定性の担保が必要不可欠となる。この点において，多様性に富むことを特徴とするリグニンは不利であり，工場から同じ性能の製品を生産するのには高度な管理技術を要する。一方，紙パルプ製造工程の黒液から取り出すクラフトリグニンなどは，高温高圧のアルカリ水溶液により強度に変質しており，そのままでは熱加工性などプラスチック材料として使いやすい特性を有していない。また，すべての工業リグニンは，ある種の変質したリグニン分解断片であるが，特に紙パルプ製造を主目的としたプロセスなどにおいては，処理条件は性能の高いパルプを高収率で得るために設定され，副産物であるリグニンの変質の度合いの観点から制御されることは無い。そのため，パルプ廃液からリグニン由来物を調製しても，様々な変質度のリグニン分解断片が毎回異なる割合で混在した状態となる。そこで前者のリグニンの多様性の問題は，植物種を限定することで制御し，後者の変質の制御

をグリコール系の薬液を用い機能性のリグニン系素材の生産を主目的としたシステムを組み立てることで解決した新しい技術が開発された[15]。そこから生産されるのがグリコールリグニンと呼ばれる機能性のリグニン系工業用素材である。

　グリコールリグニンは，ポリエチレングリコール(polyethylene glycol: PEG)中での木材の分解を経て得られる，PEGで改質されたリグニン誘導体の開発から始まった[16]。製造された素材はリグニン分解断片にPEGが結合することで性能が改質された「PEG改質リグニン」であるが，略称としての「改質リグニン」として広まっている。PEGだけでなく，メトキシPEGや，ポリプロピレングリコール，カプリリルグリコール，などの多様なグリコール系化合物が利用可能であり，製造された一連の素材をグリコールリグニンと称する[17-19]。

　グリコールリグニンは加工性に富んだ芳香族系素材で，スーパーエンプラに至るまで高機能材料の素材として活用できることが可能である。言うまでも無く，このレベルの高い性能を担保するには，素材としての品質の安定性が重要である。そのため，リグニンの構成要素に起因するばらつきが比較的少ない針葉樹が有利であり開発が進んだ。PEG改質リグニンの開発においては，原料木材をスギ材に限定することで安定生産を達成している。日本のスギは日本の固有種で日本にしかない造林木であるため国産資源の活用の観点から期待されている。

(1) グリコールリグニンの製造方法

　グリコールリグニンの製造方法についてPEG改質リグニンを例として紹介する。製造は酸加溶媒分解という化学分解反応を利用しており，プロセスはとてもシンプルである。PEGは，常温で液体のものが扱いやすく，平均分子量で200，400もしくは600が多く用いられる。反応は，あらかじめ触媒として硫酸を少量(0.2～0.3wt%)ほど仕込んだPEGに，スギ木粉を投入し，140℃程度に加熱撹拌することで行われる。木材中のリグニンはPEG中で分解すると共にPEGと結合した分解断片へと変化する(図4-16)。沸点が高いPEG中での常圧反応であるので，耐圧リアクターを用いることは無く，比較的安全性に配慮したシステム構築が達成されている。反応後の懸濁液には薄い苛性ソーダで希釈して洗い出し，続いて濾過することで不溶解部としてパルプを得ることができる。なお，この副産パルプは酸による処理を経ているため，紙としては

第2節　リグニン

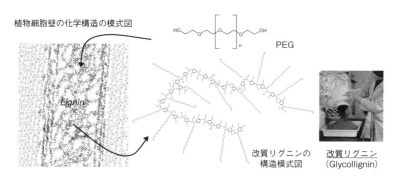

図4-16　PEG中の酸加溶媒分解によるリグニンの取り出しと同時に起こるPEG改質

不向きであるが，カリ水溶液に溶解しており，これを酸性化することで容易にグリコールリグニンの沈殿を得ることができる。酸性化により生じた沈殿は凝集する能力が高く，すぐに粒子径が増大するので，濾布を詰まらせることなく，効率的に濾別することが可能である[20]。こうして得られた固形分がリグニン分解物のPEG誘導体，いわゆるグリコールリグニンを代表するPEG改質リグニンである[21]。PEG改質リグニンの製造は，一バッチ50 kgの木粉を用いるレベルのベンチプラントから，年産100トン生産規模のパイロットプラントに発展し，さらに改良を加えた年産1000トン生産規模のセミコマーシャルプラントへと化学工学上のスケールアップのプロセスを経ており，早期の商用生産が期待されている。

(2) グリコールリグニンの特徴

PEG改質リグニンにおいては，導入するPEGの分子量をコントロールすることで物理特性を自由にコントロールすることができる。結合したPEGは，誘導体としての効果と分子内可塑効果によりPEG改質リグニンに優れた熱加工性を付与している。長鎖のPEGを導入した方が低い熱変移点を示し，より低い温度域で熱加工することができる[21]。PEG改質リグニンは用途に応じて物性を細かくコントロールして作り分けることが可能であり，素材生産側が用途に応じた素材のラインアップを構築することができる。PEG改質リグニンの化学構造においては，典型的な酸加溶媒分解であるため，PEGは断片化したリグニン骨格のベンジル位に導入された構造を基本とする。リグニンPEG誘

導体となっている。化学構造は反応条件によりコントロールすることができるが、他のリグニン系素材と比較し、木材中のリグニンに最も多いユニット間結合であるβ-O-4構造を比較的多く保持している。[17] オリジナルの構造の保持は、材料の廃棄時に生物分解することを想定すると有利と考えられるが、実際の産業界では、この種の高性能品は長期にわたり活用することが多く、化石資源代替の高機能品を供する上では、いかに高い機能を発揮するかが重要視されている。

(3) グリコールリグニンを導入した材料展開

代表的なグリコールリグニンであるPEG改質リグニンはたのリグニン系素材に見られないユニークな性質を持つため、工業材料用の新素材として期待されている。多くのバイオベース材料においては、再生可能資源で石油化学品に代替してお温暖化ガス排出の削減量にカウントすることが第一の目的で、性能とコストの関係を石油化学品と同等に近づけることを目指している。一方、PEG改質リグニンにおいては、独自の機能を持つため、単にバイオ素材を使うというより、機能性の付与を目的とした導入が進んでいる。PEG改質リグニンは、異種材料の界面の相互作用を高めて強く結びつける性質をもつことが見いだされ、複合材料を高強度化して、結果として軽量化する能力が期待されている。[22] また、フェノール樹脂組成物における展開で、固くしても脆くならない理想的な樹脂組成物を目指した開発なども進んでいる。[23] いくつかの製品が開発されているので紹介する。

複合材料においては、繊維強化材(fiber reinforced plastics: FRP)のマトリックス樹脂としての利用がある。FRPはガラス繊維(glass fiber: GF)や炭素繊維(carbon fiber: CF)などの強化繊維を樹脂で固めた高強度材料であるが、一般には例えば炭素繊維強化材のことを単に「炭素繊維」とか「カーボンファイバー」と呼ばれることが多いので注意が必要である。これらは炭素繊維強化材(carbon fiber reinforced plastics: CFRP)の略称で、組成としては約半量がCFで、残りの半量は樹脂(マトリックス樹脂と呼ぶ)である。このマトリックス樹脂にPEG改質リグニンの導入が進んだ。

改質リグニン系のFRPは、汎用FRPであるガラス繊維強化材(GFRP)から進み、産総研、森林総研、宮城化成、光岡自動車の共同で、実際の自動車の外装

第2節　リグニン

図4-17　改質リグニンを導入したFRP：内外装材に改質リグニンFRPを導入した自動車
(a)(Viewt, Mitsuoka Motor，産総研，森林総研，宮城化成，光岡自動車)，改質リグニンCFRPボンネット(部材製造：株式会社宮城化成)(b)，改質リグニンCFRPをウーファーの素材として導入したハイレゾスピーカー(d)，ウーファーユニット(c)(Egretta TS-A200，オオアサ電子)

材，内装材に利用した試作車を発表し，世界初のリグニン系自動車用外装材として注目された(**図4-17**)。マトリックス樹脂にPEG改質リグニンを導入したところ，強度向上と揮発性有機化合物(VOC)の削減効果があることが見出された。続いてCFRP用のマトリックス樹脂の開発がなされたが，PEG改質リグニン系マトリックス樹脂を用いたCFRPは，石油化学系樹脂を用いたそれより高強度となり，結果として，同強度で約20％程度の軽量化が可能であった。CFとPEG改質リグニンの界面での相互作用の解析も行われ，強い接着力の発揮が確認されている。これは，同分子内に親水ドメイン，疎水ドメインの両方を持つ特殊な構造を有することによるものと考察されている。CFをフィラーとしたコンポジットの開発も進み，スーパーエンプラ相当の素材開発も行われた。ポリアミドなどとの組み合わせで実用グレードのポリエーテルケトン(PEEK)相当の高剛性のコンパウンドの開発にも成功している。

改質リグニン系CFRPは薄く加工しても強度を保持することが確認されたので，コンパクトスピーカーのウーファーユニットの素材として採用された。強く歯切れよく振動することで，小さくても重低音を補うことができる。スピーカーはオオアサ電子(株)から製品化され，ハイレゾ対応スピーカーとして「超モノづくり部品大賞」で入賞するなど評価が高い[25]。

PEG改質リグニンと粘土鉱物との組み合わせから、既存のポリイミドフィルム基盤に代替可能な電子基板用のフレキシブルフィルムが開発された。フィルムは優れた絶縁性やガスバリア性を持ち，銅箔やアルミ箔との組み合わせとエッジングにより電子基板が試作された。製造コストとしては既存品より1/3

程度での製造も可能で，期待されている[26]。

　PEG改質リグニンの加工性の高さをデモンストレーションする材料として，3Dプリンター用の基材の開発が行われた。3Dプリンターの基材としては熱可塑性を示すことが重要で，この用途には低い熱溶融温度をもつようデザインした改質リグニンが用いられた。

　PEG改質リグニンをフェノール樹脂の合成時に添加した高い性能を持つ改質リグニン系フェノール樹脂も開発された。改質リグニン系フェノール樹脂は，従来のフェノール樹脂より高耐熱で高い強度と柔軟性を併せ持つだけでなく，電気絶縁性，耐水性なども向上することが見出された。これらの成果は，様々なフェノール樹脂組成物に展開可能で，軸受けなどの摺動材や，鉄道用ブレーキシューなどの摩擦材が開発された。

● 主な参考文献

1) Y. Matsushita："Conversion of technical lignins to functional materials with retained polymeric properties", *J. Wood Sci.*, **61**(3), 230-250 (2015)
2) M. Y. A. Mollah, P. Palta *et al.*：Chemical and physical effects of sodium lignosulfonate superplasticizeron the hydration of Portland cement and solidification/stabilization consequences, *Cem. Concr. Res.*, **25**(3), 671-682 (1995)
3) J. A. Vocac, R. S. Alphin："Effects and mechanism of action of a lignosulphonate on experimental gastric ulceration in rats", *Eur. J. Pharmcol.*, **4**(1), 99-102 (1968)
4) 坂上 宏ら："リグニンスルホン酸塩の瞬間的ウイルス不活化作用" *New Food Ind.*, **64**(2), 106-110 (2022)
5) Q. Liu *et al.*："A lignin-derived material improves plant nutrient bioavailability and growth through its metal chelating capacity", *Nat. Commun.*, **14**, 4866 (2023)
6) M. Funaoka *et al.*："Rapid separation of wood into carbohydrate and lignin with concentrated acid-phenol system", *Tappi. J.*, **72**, 145-149 (1989)
7) M. Funaoka,："New type of lignin-based network polymer with the structure-variable function composed of 1,1-diarylpropane units", *Polym. Int.*, **47**, 277-290 (1989)

8) 舩岡正光：" 持続的社会における新しいスタンダード"，ネットワークポリマー，**32**, 351-361（2011）
9) 青栁 充，舩岡正光：" 天然リグニンの逐次機能開発"，未来材料，**11**, 10-18（2011）
10) M. Funaoka："Sequential transformation and utilization of natural network polymer "LIGNIN"", *React. Funct. Polym.*, **73**, 396-412（2013）
11) M. Aoyagi *et al*: "Influences of condensation and conjugations in lignin derivatives on photo-chemical behaviors", *Trans. Mater. Res. Soc. J.*, **45**, 179-182（2020）
12) 舩岡正光監修：" 木質系有機資源の有効利用技術"，シーエムシー出版（2010）
13) 舩岡正光監修：" 木質系有機資源の新展開"，シーエムシー出版（2015）
14) 青栁 充：" リグノフェノールの熱的性質に対する導入フェノール類の化学構造の影響"，ネットワークポリマー，**45**, 227-235（2024）
15) 山田竜彦ら：" グリコールリグニンの製造方法及びそのシステム"，特許第6890821号
16) T. T. Nge, T. Yamada："Isolation and thermal characterization of softwood-derived lignin with thermal flow properties", *ACS Sustain. Chem. Eng.*, **4**, 2861-2868（2016）
17) T. T. Nge, T. Yamada："Isolation and characterization of polyethylene glycol (PEG)-modified glycol lignin via PEG solvolysis of softwood biomass in a large-scale batch reactor", *ACS Sustain. Chem. Eng.*, **6**, 7841-7848（2018）
18) T. Yamada *et al.*: "Acid-catalyzed solvolysis of softwood using polyethylene glycol monomethyl ether to produce functional lignin derivatives", *BioResources*, **18**(2), 3654-3665（2023）
19) T. Yamada *et al.*: "Acid-catalyzed solvolysis of softwood in caprylyl glycol to produce lignin derivatives", *ACS Omega*, **9**, 27610-27617（2024）
20) S. Takahashi, T. Yamada："Flocculation properties of polyethylene glycol-modified lignin", *Sep. Purif. Technol.*, **253**(15): 117524（2020）
21) ネーティティ，山田竜彦：" 様々な製品展開が可能な新素材「改質リグニン」のデザイニング"，森林総合研究所研究成果選集，34-35（2018）
22) J. Tanks *et al.*: "Glycol lignin/MAH-g-PP blends and composites with exceptional mechanical properties for automotive applications", *Compos. Sci. Technol.*, **238**(16) 110030（2023）
23) H. Kimura *et al.*: "Performance enhancement of phenolic resin by glycol-

modified lignin", *Polym. Adv. Technol.*, **35**(6), e6432（2024）
24）山田竜彦ら："スギ材から製造した新素材「改質リグニン」を用いた自動車の開発", 森林総合研究所研究成果選集, 36-37（2019）
25）オオアサ電子："スギ由来の新素材「改質リグニン」を使用したデスクトップサイズ・ハイレゾ対応全方位スピーカー", オオアサ電子プレスリリース, 11.27（2019）
26）K. Takahashi *et al.*: "Flexible electronic substrate film fabricated using natural clay and wood components with cross-linking polymer", *Adv. Mater.*, **29**(17), 1606512（2017）

第3節　ヘミセルロース

3.1　オリゴ糖

(1) オリゴ糖の概要とヘミセルロース由来オリゴ糖の可能性

　オリゴ糖とは，グルコース，キシロースなどの単糖類が2～10個程度つながった糖類の総称で，単糖や多糖の中間の低分子量化合物のことを指す。例えばキシロースの場合だと，二量体はキシロビオース，三量体はキシロトリオース，などと命名される（図4-18）。結合様式はα結合，β結合など様々である。通常，特定の数で単糖がつながった単一分子量のものではなく，複数の単糖が結合したものの混合物である。さらに重合度が上がり，高分子性が発現するものは多糖に分類されるが，明確な重合度の区別はない。

　ヘミセルロースは，木材細胞壁中に15～25％ほど含まれる多糖であり，水には溶解せず，アルカリによって抽出される画分である。分子量はセルロースより大幅に低く，明確な結晶構造も有さない不定形の多糖である。ヘミセルロースは，グルコース，キシロース，マンノース，アラビノース，ガラクトース，グルクロン酸など，様々な糖単位から構成されており，分岐構造や置換基を含む複雑な化学構造を有する。ヘミセルロースの主要骨格は，キシラン（xylan）あるいはグルコマンナンであるが，木材細胞壁中では，広葉樹ではグルクロノキシランやグルコマンナン，針葉樹ではアラビノグルクロノキシラン，ガラクトグルコマンナン，グルコマンナンなどとして存在する（図4-19）[13]。さら

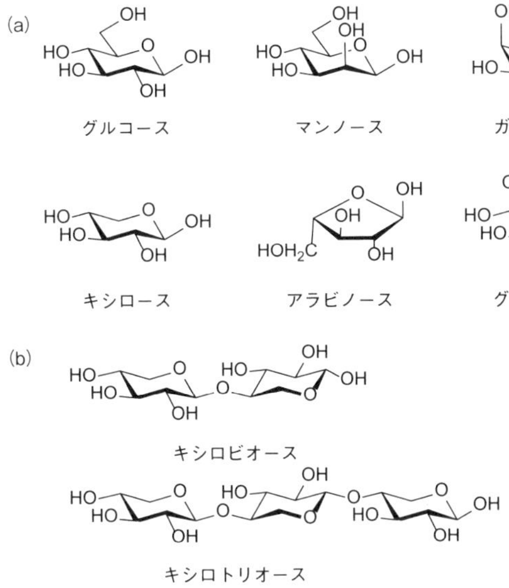

第3節　ヘミセルロース

図4-18　(a)ヘミセルロースの構成単糖類と(b)オリゴ糖の例

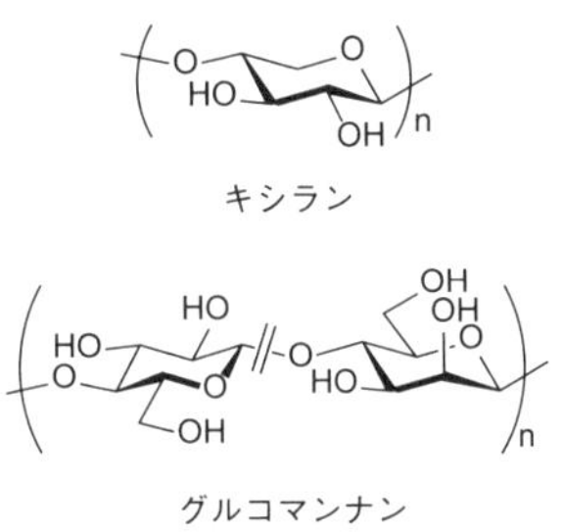

図4-19　ヘミセルロースの主要骨格

にメチル基やアセチル基などの置換基を有している。また，樹種や部位によって，その構成糖の構造や比率が異なる。ほかにも，草本類の細胞壁には，アラビノキシランが存在し，一部グルクロン酸も含まれる。針葉樹のあて材にはガラクタンが，カラマツにはアラビノガラクタンとよばれる水溶性のヘミセルロースも存在する。

　ヘミセルロースは，このように多様かつ複雑な構造を有し，選択的な分離も困難であるといった理由から，セルロースとは異なり，繊維や誘導体として用いられることはなく，材料としての明確な用途はほとんどなかった。木材由来のヘミセルロースは，パルプ製造過程で脱リグニンの行程で除去されるため，工業的にヘミセルロースを木材から生産するプロセスは確立されていないのが現状である。酵素分解によるパルプ化やヘミセルロース分解の技術も存在するが，オリゴ糖生産の原料として用いられるヘ

ミセルロースは，トウモロコシの芯や草本由来のものが用いられることがほとんどである。

　一方，ヘミセルロースも豊富に存在する多糖資源であり，バイオマス資源の有効利用を考えると，その化学構造や特性の理解に基づく適切な利用法の開発は重要である。もともと高分子量体ではなく優れた材料特性が期待できないということから，ヘミセルロースの多糖分子鎖を化学的あるいは酵素的に分解させ，単糖，二糖，オリゴ糖などの低分子量体を得，高機能性食品や，別の有用化合物の原料として用いようとする流れが続いてきた。

　ヘミセルロースを完全に分解すると，キシロースやマンノースなどの単糖が得られる。特にキシロースはキシリトールやフルフラールなどの有用化合物へさらに変換できるが，これらについては，第6章第7節を参照されたい。ヘミセルロースを単純に酸加水分解などで部分的に分解すると，キシロオリゴ糖やグルコマンナンのオリゴ糖が得られる。通常，木材中のヘミセルロースは他の糖単位や置換基を有する糖単位も含まれるため，厳密には，様々な構造のオリゴ糖が得られる。例えばキシランの場合では，キシロースに加え，4-O-メチルグルクロン酸やアラビノフラノースなどの構成糖も含まれたオリゴ糖が得られる。グルコマンナンの場合は，もとの化学構造がグルコースとマンノースがランダムに結合した主鎖をもち，アセチル置換基やガラクトース糖単位も含まれている。そのため，これを加水分解してグルコースのみあるいはマンノースのみからなるオリゴ糖を選択的に得ることは難しい。一般的に，糖単位や分子量ごとの画分を分離精製するのは，煩雑な作業が必要で，それぞれの画分の収量は低く，効率的な生産は難しいため，ヘミセルロース由来のオリゴ糖を選択的に得るのは困難である。

　食品用途として知られているオリゴ糖として，フルクトオリゴ糖，キシロオリゴ糖，マルトオリゴ糖，ガラクトオリゴ糖，などがある。オリゴ糖は，一般的にヒトの場合，難消化性，腸内のビフィズス菌増殖作用のほか，ミネラル吸収促進作用など優れた生理活性や機能性を有しており，整腸剤や特定保健用食品などの高機能性食品として利用されている。一般的には，これらのオリゴ糖の原料は，デンプンや砂糖，乳糖など，必ずしも木材由来ヘミセルロースが用いられているわけではない。一般的にデンプンの酵素糖化にくらべて，セル

ロースやヘミセルロースなどの糖化は難しい。しかしながら，木材由来のヘミセルロースからもこのようなオリゴ糖が得られれば，植物細胞壁や農産廃棄物などの非可食バイオマスに多く含まれるヘミセルロースを高付加価値材料として有効に用いることができる。本章では，木質由来の構成糖からなるオリゴ糖とその可能性について紹介する。

(2) オリゴ糖の生産

一般に，キシロオリゴ糖の市販品は，トウモロコシの芯，バガスや稲わらなどのキシラン含有量の高い草本類から，水蒸気処理，酸やアルカリ処理などの化学的分解あるいはキシラナーゼを用いた酵素的分解により調製されている。

キシランから得られるキシロオリゴ糖の原料に，木材由来のキシランも用いることができると，さらにコスト面での優位性が出てくる。現状，木材由来のキシロオリゴ糖についての例は多くはないが，脱リグニンしたパルプに対してキシラナーゼ処理を行うことで，キシロオリゴ糖を得ることができることが報告されている。また，キシランの適切な原料選択や分解法を確立できれば，グルクロノキシロオリゴ糖，アラビノキシロオリゴ糖，など，構成糖や分子量の異なる様々なオリゴ糖を得ることも可能になると期待できる。

ガラクトオリゴ糖は，現在市販されているものは，ラクトース（乳糖）（ガラクトースとグルコースからなる二糖）にβ-ガラクトシダーゼという酵素を作用させて作られる2～6糖のオリゴ糖で，β-ガラクトシルラクトース（乳糖の非還元末端にガラクトースがひとつ結合した3糖）が主成分である。α-ガラクトシダーゼによる脱水縮合反応では，α-ガラクトオリゴ糖が得られる。バイオマス由来では，ペクチンという多糖類に分類される，アラビノガラクタンを酵素により分解することによって，構成糖の異なるβ-アラビノガラクトオリゴ糖の生産が可能である。

直鎖状のマンナンは，β(1→4)マンノースから構成される水不溶性の多糖であり，ココヤシの種子の胚乳の貯蔵多糖として存在し，発芽とともに消失する[4]。マンノースからなるマンノオリゴ糖は，ココヤシの種子の胚乳を乾燥させたもの（脱脂コプラ）のほかコーヒー粕などから，化学的あるいは酵素的な処理を行うことにより得ることができる。マメ科植物の種子に含まれるガラクトマンナンは，主鎖がマンノース，側鎖はガラクトースで構成される水溶性の多糖であ

る。グアーガムは，ガラクトマンナンの一種で，分子量は20〜30万，増粘剤として利用されている。このようなバイオマス由来多糖も，ガラクトースあるはマンノースからなるオリゴ糖の原料になると期待される。

以上のように，食品用途ですでに用いられているオリゴ糖は，必ずしも木材由来のものではない。植物細胞壁由来のヘミセルロースを用いたオリゴ糖生産は，高効率的かつ選択的な分解を必要とするが，酵素の反応性，ヘミセルロースの多様かつ複雑な化学構造，樹種や部位による分布の違いなどに起因して，非常に難しいのが現状である。しかしながら，同時に，バイオマス原料の種類や部位の適切な選択，対象とするバイオマス原料の適切な分解法が確立できれば，人工的には合成できない植物由来の複雑な構造を活かした，新規の高付加価値材料となる可能性も秘めていると言える。

3.2 ヘミセルロース系バイオマスプラスチック
(1) ヘミセルロースの利用の現状

ヘミセルロースは，複雑な構造と低い分子量に起因して，オリゴ糖のような機能性化合物としての利用や研究開発例が多いが，もともとは，植物細胞壁中において，セルロースに次いで豊富に存在する多糖であり，その高分子としての構造や特徴を活かした利用も非常に重要である。

セルロースやヘミセルロースは，そのままでは水にも有機溶媒にも溶解せず，熱可塑性も有していない。しかし，その水酸基をエステル化すると，有機溶媒に対する溶解性を付与でき，熱可塑性の高分子に変換できる（第4章第1節）。代表的なセルロースエステル誘導体であるセルローストリアセテートは，天然の化合物から得られる半合成高分子に分類され，バイオマスプラスチックのひとつであり，フィルムや繊維などとして広く工業利用されている。また，セルロースやヘミセルロースは，未修飾か化学修飾をほとんど施さない低置換度の状態では，環境中の微生物により分解を受けるため，生分解性プラスチックの原料あるいは材料としても重要である。ただし，高置換度の多糖誘導体はバイオマスプラスチックには分類されるが，そのままでは生分解性は有さず，生分解性プラスチックとは区別されるので注意が必要である。低置換度の多糖類誘導体の場合も，一部は生分解性を示すものの，プラスチックとしての熱加工性を持たないものもあるので，こちらも区別する必要がある。

第3節 ヘミセルロース

　セルロースが様々な用途で広く工業利用されているのに比べて，ヘミセルロースは，その不均一な構造や分子量の低さ，単離抽出の困難さなどの様々な理由から，プラスチック材料としての利用を含む工業利用は立ち遅れている。むしろヘミセルロースは，セルロース誘導体の調製においては，邪魔なものとして以前は考えられていた。しかし同時に，セルロースに次いで豊富に存在する非可食多糖であり，その利用の重要性も古くから認識されてきた。近年では，ヘミセルロースについても，セルロースと同様の化学修飾によるバイオマスプラスチックとしての利用の試みもなされている。一方，バイオマス原料をプラスチックなど工業材料として利用するためには，得られる材料の性能が安定していることが重要であり，原料の化学構造や物性も均質であることが求められる。そのため，ヘミセルロースやその誘導体を単体で用いたバイオマスプラスチックや生分解性プラスチックなどの材料開発の例はいまだ数少ない。原料の入手の容易さやコスト，環境負荷，材料特性の安定性を考慮すると，ヘミセルロースについては，単体の直接利用よりは，リグノセルロースとよばれるセルロース，ヘミセルロース，リグニンなどを含む混合物としての利用も重要であり，リグノセルロースを用いたバイオマスプラスチックや既存のプラスチックとの複合材料の開発が数多くなされている。これらの研究においては，ヘミセルロースの原料が木材ではなく，トウモロコシの穂軸あるいは麦わらや稲わらなどの草本由来のものである場合も多い。

　ヘミセルロースを加水分解して得られる単糖であるグルコースやキシロースからは，キシリトール，フランジカルボン酸，フルフラールのようなバイオマスプラスチックのモノマー原料となる化合物も得られる（第6章第7節）。これらは，近年のバイオマスプラスチック開発において非常に有用な化合物ではあるものの，ヘミセルロースの化学構造を完全に分解してしまっている。ここでは，ヘミセルロースの多糖としての化学構造や高分子としての特性を維持したままの誘導体を基本とするバイオマスプラスチックについて考えたい。

　ヘミセルロースは，セルロースとは全く異なる化学構造を有している。多糖の構成糖や結合様式などの化学構造が異なると，得られる誘導体の化学的な性質や，熱的な性質，結晶構造，材料特性は大きく異なってくる。ヘミセルロースの誘導体は，単なるセルロース誘導体の類似体というよりは，その特異的な

化学構造を活かした新たなバイオマスプラスチックとなり得る大きな可能性を秘めている。したがって，その化学構造を明確に理解した上で，有用な材料化や機能性を発現させていく必要がある。

(2) ヘミセルロース誘導体の現状

単糖の化学構造が異なるとはいえ，ヘミセルロースも，セルロースと同様，糖単位から構成されるので，水酸基の反応性としては基本的には同じなはずである。しかしながら，実際に誘導体化を行うとなると，複雑な一次構造に起因してか，セルロースと完全に同じ挙動とはならない。例えば抽出したキシランや市販の試薬として販売されているキシランを用いて誘導体化を行おうとしても，反応溶媒に完全に溶解しない，得られた誘導体の溶媒可溶性が低い，良好な熱成形性を示さない，分子量が低く成形体が得られないなど，バイオマスプラスチックとして利用可能な材料が簡単には得られない場合が多い。

基礎研究では，キシランやグルコマンナンを含むヘミセルロースの誘導体化に関する研究は，これまでにも多数報告がある。近年では，ヘミセルロースを誘導体化したり部分的に化学修飾することで，バイオマスプラスチックや複合材料として使おうという研究開発例が増えてきた。プラスチック以外でも，未修飾ヘミセルロースのフィルムやヒドロゲル，増粘剤としての利用，エーテル化誘導体のパルプ添加剤などとしての研究開発例もある。化学的な誘導体化については，アセチル化が最も多く試みられており，有機溶媒可溶性や熱成形性の付与，既存の石油由来のプラスチックとの複合化のための表面改質が目的とされる。草本系ヘミセルロースを化学修飾したものを汎用プラスチックやポリ乳酸などの生分解性プラスチックと複合化した成形品などの開発例もある。現状では，複合化の際には，バイオマス度の向上と複合化する既存のプラスチックの物性向上が目的とされている。しかし将来的には，植物資源の再利用や持続可能な植物生産も避けては通れない問題であり，リサイクルやそのための分離回収技術の開発も重要な課題となるであろう。特に，非生分解性の汎用プラスチックとセルロースやヘミセルロースなどのバイオマスを複合化した場合，生分解性材料としての利用は難しくなり，何らかの形でのリサイクルや分離の方法も考える必要がある。また今後は，草本系ヘミセルロースのみならず，木材由来のヘミセルロースについても，その利用を拡大することが望まれる。

(3) キシラン誘導体

　ヘミセルロースの化学構造は，複数の多糖の混合物として扱われる場合が多いが，構造がより均質で明確なヘミセルロースの誘導体の合成と誘導体単体での材料利用を目指した報告例もある。化学構造が明確なヘミセルロース誘導体は，その化学構造に起因する物性や特性を理解するために，必要不可欠である。前述のとおり，木粉などから抽出したキシランは，キシロースのみからなる純粋なキシランではない。しかしながら，パルプ繊維中に，主体となるセルロースに加えて，アセチル基のほとんど脱離したキシランが一部残存している。このパルプ繊維をアルカリ水溶液で抽出すると，他の構成糖や置換基を持たない，ほぼキシロースのみからなる均一な構造のキシランが得られる。このキシランは，セルロースの誘導体化に用いる溶媒系にも可溶で，誘導体化の試薬に対しても高い反応性を示すため，キシランアセテートやプロピオネートなどのエステル誘導体を得ることができる（図4-20）[5]。得られるキシランエステル誘導体は，キシロース単位の2つの水酸基を全て置換された置換度2の均質な化学構造を有し，その置換度も制御可能である。このキシランエステル誘導体からは透明な自立フィルムが得られ，その熱的性質や機械特性はエステル基の構造により幅広く制御可能であることから，キシラン誘導体もバイオマスプラスチッ

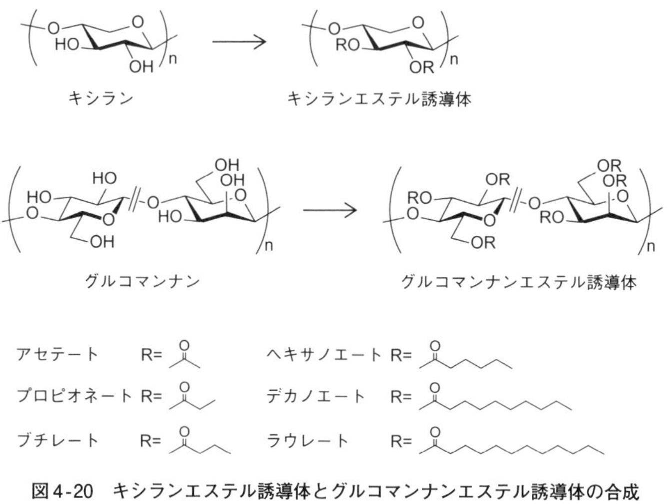

図4-20　キシランエステル誘導体とグルコマンナンエステル誘導体の合成

クとして利用可能であることが提案されている。同時に，パルプに残存したキシランは，分子量がセルロースと比べて大幅に低く，材料特性はまだ十分ではないなどの課題も残っている。一方，この方法で得られたキシランエステル誘導体を，代表的な生分解性プラスチックであるポリ乳酸に少量添加すると，その結晶化を促進するという核剤効果を示すことが知られており，キシランの構造を活かした特異的な添加効果や新たな機能性の発現も今後の展開が期待される。

(4) グルコマンナン誘導体

グルコマンナンの誘導体やバイオマスプラスチックについては，木質由来のものはさらに研究例が少ない。誘導体化や溶液特性などの基礎研究や工業用途に用いられるグルコマンナンは，こんにゃく芋の貯蔵多糖であるコンニャクグルコマンナンであることが多い。コンニャクグルコマンナンは，グルコースとマンノースからなり，マンノースとグルコースの構成比M/Gは約1.6である。主鎖の結合様式は，β(1→4)結合で，一部のアセチル化されていることも知られている。分子量100万以上と，木質由来のヘミセルロースと比べて圧倒的に高い分子量を有している。さらに，セルロースと異なり，高い水溶性とゲル化能も有しており，そのゲル化特性やレオロジー特性に関する研究が数多く存在する。コンニャクグルコマンナンは，こんにゃくに代表される食品や，増粘剤，保湿剤などとして，食品や化粧品分野で，すでに広く工業利用されている。このような用途で用いられるグルコマンナンは，基本的に水酸基は未修飾のものである。

しかしながら，コンニャクグルコマンナンの高い分子量を考えると，その誘導体はバイオマスプラスチックとしても高い機械物性を発現すると期待される。実際，コンニャクグルコマンナンのアセテートやプロピオネートなどのエステル誘導体(置換度3)は，高い熱安定性と熱成形性を有し，そのフィルムは高い機械物性と透明性を有することが見いだされている(図4-21)[6]。さらに，セルロースのエステル誘導体が結晶性を示すのとは異なり，グルコマンナンのエステル誘導体は融点を持たない非晶性のポリマーであることがわかっている。そのため，グルコマンナンエステル誘導体は高い透明性と寸法安定性を示す，新たな多糖系の非晶性バイオマスプラスチックとなり得る。

第3節　ヘミセルロース

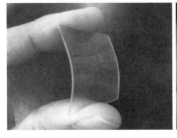

ブチレート　　　　　　　　　　　ラウレート

図4-21　コンニャクグルコマンナンブチレートおよびラウレートの熱圧成形フィルム

　木質由来のグルコマンナンは，ガラクトースやアセチル基などの構成単位が含まれ，さらに複雑な構造を有し，分子量も小さいため，その誘導体単体のまま高い材料特性が発現するかは未知である。したがって，グルコマンナンにおいても，キシランと同様，添加剤としての利用や複合材料化，何らかの形での高分子量化など，別の方法での利用法を見出していく必要がある。

(5) 今後の展望

　以上のように，ヘミセルロースを用いたバイオマスプラスチックは，その糖単位の構造や結合様式に由来して，セルロースとはまったく異なる特性を示し，多糖由来のバイオマスプラスチックとして有望な材料である。ヘミセルロース以外にも，自然界には緑藻や微生物などが産生する様々な構造の多糖が存在する。これらもエステル誘導体化することが可能であり，フィルムや繊維，射出成形品など，十分な強度や耐熱性を有するバイオマスプラスチックが開発されている。これらの多糖エステル誘導体のバイオマスプラスチックは，エステル基の導入量が多い高置換度のものは生分解性を示さないが，エステル基を脱離させることができれば，海洋でも分解可能な生分解性を発現する。リグノセルロースを含むヘミセルロースにおいても，その高分子としての化学構造を活かした新たなバイオマスプラスチックや生分解性プラスチックとしての利用法の開発が期待される。

● 主な参考文献 ──────

1) 中野順三ら："木材化学"，ユニ出版，428 (1983)

2) 原口隆英ら："木材の化学", 文永堂出版, 288 (1985)
3) 川田俊成, 伊藤和貴編："木材科学講座4 木材の化学", 海青社, 53 (2021)
4) 阿武喜美子, 瀬野信子："糖化学の基礎", 講談社, (1984)
5) N. G. V. Fundador : "Syntheses and characterization of xylan esters", *Polymer*, **53**(18), 3885-3893 (2012)
6) Y. Enomoto-Rogers : "Syntheses of glucomannan esters and their thermal and mechanical properties", *Carbohydr. Polym.*, **101**, 592-599 (2014)

第5章　熱化学的変換

第1節　直接燃焼

1.1　はじめに

木質バイオマスからエネルギーを取り出す方法は，大きく分けて熱化学的変換(図5-1)と生物化学的変換の2種類がある。本節では熱化学的変換のひとつである直接燃焼(direct combustion)について紹介する。わが国では，古くから薪などの木質燃料が調理，照明，暖房などに利用されてきた。このような燃料を燃やす操作が直接燃焼に該当する。直接燃焼はシンプルなエネルギー変換プロセスであるため，幅広い用途に応用可能であることが特徴である。

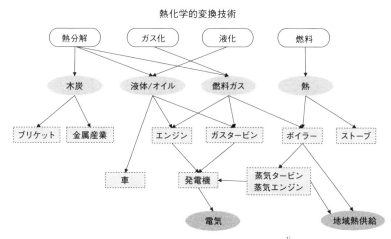

図5-1　熱化学的変換技術，生成物，最終用途[1]

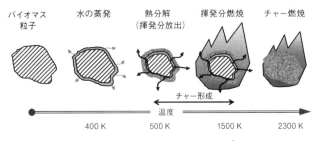

図5-2 バイオマス粒子の燃焼ステップ[2]

1.2 木質バイオマス燃焼の基本原理

木質バイオマスの燃焼プロセスには，複雑な物理的・化学的側面が数多く関わっており，燃料特性と燃焼条件(粒子の大きさ，熱伝導率，熱容量，表面積など)によって大きく左右される[1]。主なプロセスは，図5-2に示すとおり，乾燥，熱分解，揮発性ガス燃焼，チャー燃焼の4段階からなる。以下に，各段階で生じる現象を示す。

- **乾　燥**：燃料から水分が蒸発する。
- **熱分解**(揮発分の放出)：約500～1300Kで酸化剤のない条件下において熱的分解が起こり，揮発分の放出によってタールや揮発性ガス(低分子量ガス，特にCOとCO_2)が生成され，固体炭素残渣(チャー)が形成される。
- **揮発性ガス燃焼**：揮発性ガスは非常に反応性が高く，粒子周辺でその濃度が十分に高まって外部条件が自己着火に適した状態になると，火炎が観察される。燃焼時には粒子温度が1500Kに達する。
- **チャー燃焼**：一般に，揮発成分の放出後に始まり，最も長い時間を要する段階である。チャーは酸素と表面反応して無炎燃焼(おき燃焼)を起こし，赤熱して主にCOとCO_2を生成する。燃焼が完了すると，無機物の灰が残る。

各段階に要する時間は，粒子の含水率，揮発成分の含有量や性質，さらにはチャーの特性に大きく影響される。なお，これらの段階(図5-2)は，燃料特性や燃焼条件によっては同時に進行することもある。

1.3 木質バイオマス燃焼の前処理・保管
(1) チップ化(chipping)
木質バイオマスは燃焼システムで燃料として使用する際，前処理として破砕しチップ化することが一般的である。これには以下のような利点がある。

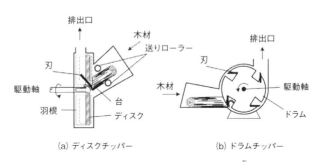

図5-3 木質バイオマスチッパーの種類[3]

- 均質な燃料を使用することでプラントのメンテナンス費を削減できる。
- エネルギー密度が高まり，貯蔵・輸送コストを削減できる。
- 廃木材や汚染されたバイオマス燃料の不純物を除去することで，燃料の品質と燃焼プラントの稼働率を向上できる。

チップ化に用いる一般的なチッパーには，ディスク・チッパーとドラム・チッパーがある(**図5-3**)。また，シュレッダーやハンマーミルを用いた破砕チップの製造も行われる。

(2) ペレット化(pelletizing)
おがくずなどの木材粒子を圧縮し，均質でエネルギー密度の高い木質ペレットを製造することができる。木質ペレットは直径6〜10mmの円筒形で，含水率が均一で粒径が小さく形状が揃っているため，燃料自動供給式のストーブやボイラーでの使用に適している。限られたスペースで保管できるというメリットもある。ペレット化に使用される木質ペレット成型機(ペレタイザー)にはリングダイ方式とフラットダイ方式の2種類がある(**図5-4**)。生産能力はリングダイ方式で数百

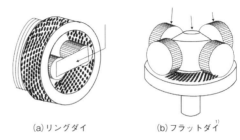

図5-4 ペレタイザーの分類[1]

kg/h〜数t/h，フラットダイ方式で数十kg/h〜数百kg/hである。

(3) バイオマス乾燥

バイオマス燃料の含水率(moisture content)は，質量基準含水率と乾量基準含水率によって定義される。質量基準含水率(%-w.b.)と乾量基準含水率(%-d.b.)の両者を明確に区別するため，特に前者を含水率，後者を水分と呼ぶ場合がある。

$$湿量基準含水率：w = \frac{水質量}{水質量 + バイオマス質量(d.b.)} \times 100 [\% - \text{w.b.}]$$

$$乾量基準含水率：u = \frac{水質量}{バイオマス質量(d.b.)} \times 100 [\% - \text{d.b.}]$$

$$w = \frac{100 \times u}{100 + u}, \quad u = \frac{100 \times w}{100 - w}$$

バイオマス燃料の含水率は，原料の種類，伐採時期，前処理の形態，保管方法や期間により大きく異なる。例えば，生木の水分は50％-w.b.以上だが，廃材の水分は通常15％-w.b.以下である。燃料のエネルギー含有量は，燃料の含水率に依存するため，燃焼システムの効率は，含水率(水分)が低くなるほど高まる。そのため，燃料の乾燥は燃焼効率向上やエネルギーコスト削減において重要なプロセスである。燃焼プロセスを最適化するためには，燃料の含水率(水分)を一定に保つ必要がある。

1.4 木質焚きストーブ・ボイラ

(1) 薪燃焼装置

家庭用薪ストーブ(wood stove)は，設置された空間を暖める独立型の暖房器具であり，熱放射と熱対流によって周囲に熱を供給する。火室の壁と炉床は通常耐火材で覆われている。

薪ストーブの燃焼速度(combustion rate)は一次燃焼用空気の供給量を調整することで制御され，多くのストーブには前面ドアに覗き窓が設けられており，燃焼状況を確認しながら調整できる。薪ストーブは，燃焼室を通る空気の流れによって，上向流(アップドラフト)，下向流(ダウンドラフト)，交差流(クロスドラフト)，S字流の4種類に分類される(図5-5)。

第1節　直接燃焼

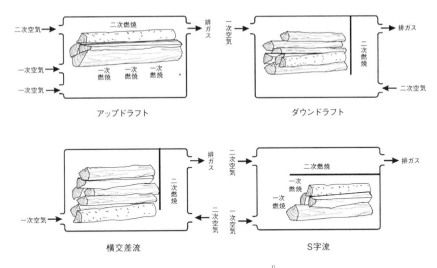

図5-5　薪ストーブの分類[1]

(2) 小型木質ペレット燃焼装置

ペレットストーブ(pellet stove)は従来の薪ストーブと異なり，運転に電気を要し，電動ファンによって燃焼空気の供給量を調整できる。このため，CO，C_xH_y，粒子状物質(particulate matter)の排出は一般的に少ない。また，ペレット燃焼装置は燃料の自動供給機能を備えることが多く，効率的な燃焼を安定して行える点が利点である。

燃料供給方法と火炎の燃焼方向によって，下込め(上向き燃焼)，横込め(水平燃焼)，上込め(上向き燃焼)の三種類のペレット燃焼装置がある(図5-6参照)。

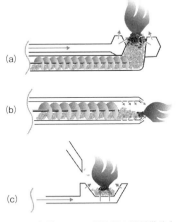

図5-6　木質ペレット燃焼器の燃料供給方式による分類
(a)下込め，(b)横込め，(c)上込め[1]

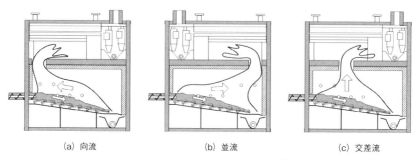

(a) 向流　　　　　　　(b) 並流　　　　　　　(c) 交差流

図5-7　固定床火格子燃焼炉の分類[4]

(3) 木質チップ燃焼装置

木質チップは家庭暖房にも利用され，薪の代替として自動運転が可能で，規模に応じた多様な燃焼装置が存在する。ただし，チップ化や保管，乾燥には大きな設備投資が必要となる。小規模から中規模までの固定床燃焼や，大規模な流動床燃焼などがあり，これらの比較は1.5項にて触れる。ここでは代表的な固定床燃焼について述べる。固定床(fixed bed)燃焼の中で代表的な火格子(grate)燃焼プラントでは，ストーカ(stoker,火格子)上に置かれた木質燃料を移動させながら燃焼させる。火格子には固定式，移動式，可動式，回転式，振動式があり，燃料と排ガスの流れ方向に基づき，向流(火炎が燃料と反対方向に流れる)，並流(火炎が燃料と同じ方向に流れる)，交差流(排ガスが炉の中央で出ていく)の3つの運転方式がある(**図5-7**)。

1.5　産業用・地域暖房システム用燃焼

表5-1にバイオマス燃焼方式の特徴を示す。燃料の性状や形状，設備規模に応じて適切な炉を選定しなければならない。固定床はストーカ(火格子)上で燃料を少しずつ移動させながら順に燃焼させる方式で，流動床は石灰石やケイ砂などの流動媒体とともに750～950℃で燃焼させる方式，噴流床は微粉化された燃料を噴流に乗せて燃焼室に吹込む方式である。各方式には特徴があり，固定床は小規模装置向け，流動床(fluidized bed)は中規模，噴流床(entrained flow bet)は大型装置向けに適している。

燃焼炉内の流速は固定床で<1.5m/s，バブリング流動床で1.5～3m/s，噴流床では7～10m/sで，**表5-1**の右に行くほど断面熱負荷が高まり，大型プラ

第1節 直接燃焼

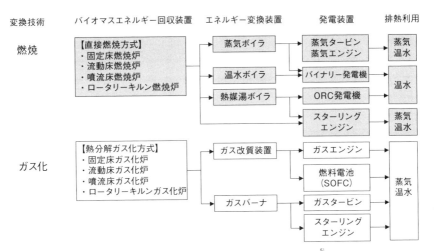

図5-8 木質バイオマスを燃料とする発電技術の分類[5]

ント化が容易である。

1.6 木質バイオマス発電

木質バイオマス発電は，図5-8のように燃焼とガス化に大別される。主な発電方式として，蒸気タービン(steam turbine)，スターリングエンジン(stirling engine)，有機ランキンサイクル(organic Rankin cycle: ORC)，ガス化発電

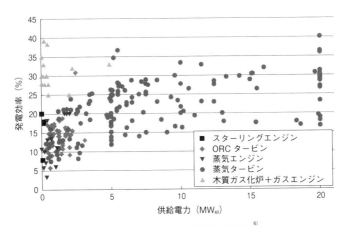

図5-9 木質バイオマス発電技術の選択類[6]

表5-1 各種燃焼方式の特徴比較[5]

燃焼方式 および炉型式	グレイト(ストーカー，火格子)	
	円錐回転式	傾斜移動式
ボイラー概略図 F：木質燃料 A：空気 G：燃焼排ガス		
燃焼	固体燃料層の隙間を空気が上昇，グレイト上で一次燃焼，上部空間で二次燃焼	固体燃料層の隙間を空気が上昇，グレイト上で一次燃焼，上部空間で二次燃焼
炉内平均流速	低　<1.5 m/s	低　<1.5 m/s
燃焼温度	850～1,400℃	850～1,400℃
空気供給	一次，二次，三次	一次，二次，三次
燃料供給	下込め	側壁(上込め)
燃料寸法，形状	種々の寸法，形状のチップ	種々の寸法，形状のチップ
燃料含水率	<60％-w.b.	<60％-w.b.
ボイラ型式	煙管	煙管(小規模)および水管(中小規模)
適正容量	<10 MWth	<10 MWth(小規模) 10～100 MWth(中小規模)
特徴	長所 ・高水分，低カロリー燃料まで対応可 ・種々の燃料寸法・形状に対応可 ・設備が比較的簡単で建設費が安い ・運転費が安い 短所 ・大型化，燃焼効率，負荷追従性，エミッション等に問題あり	
備考	(円錐，傾斜，水平)と(静止，移動，回転)の組合せにより多くの型式が製造されているほか，さらに種々の燃焼供給方式との組合せにより多様なシステムとなっている	

表5-1 つづき

バイオエネルギー・コンソーシアム

流動床		噴流床(浮遊)
バブリング(沸騰)式	循環式	微粉体バーナー式
固体燃料および粒子は浮遊懸濁状態で燃焼	固体燃料および粒子は浮遊懸濁状態で燃焼	微粉化された固体燃料はバーナーで炉内に吹き込まれ浮遊燃焼
中　>固体粒子流動化速度　1.5～3m/s	高　固体粒子は安定流動化し炉外へ飛散循環　3～8m/s	高　噴流状態　7～10m/s
750～950℃	750～950℃	1,200～1,600℃
一次, 二次	一次, 二次	搬送用空気, 一次
側壁(中小規模)または炉底(中規模)	側壁	側壁バーナー
チップ以下	チップ以下	微粉粒子(74ミクロン)
<60%-w.b.	<60%-w.b.	<30%-w.b.
水管	水管	水管
10～100MWth(中小規模) 100～300MWth(中規模)	10～100MWth(中小規模) 100～300MWth(中規模) 300～1,300MWth(大規模)	1,300～2,200MWth(極大規模)
長所 ・高水分, 低カロリー燃料まで対応可 ・ある一定限度までの燃料寸法・形状に対応可 ・燃焼効率が良く, NO_X発生が比較的少ない ・大型化が可能で, 負荷追従性も良い 短所 ・建設費, 運転費が比較的高い ・起動に時間がかかる ・ばいじん量が比較的多い		長所 ・燃焼効率が良い(低負荷運転でも可) ・大型化が可能で, 負荷追従性も良い ・燃焼調整が容易 ・起動停止時間が短い ・混焼が容易 短所 ・運転費が比較的高い ・比較的保守費が掛かる ・ばいじん量が多い
循環式の場合, 加圧型にすることで複合発電を可能とし, 高発電効率とプラントのコンパクト化を達成する技術が実用化されている		大型ボイラーでの実績が多く, 信頼性が高く技術が成熟している。近年高温・高圧化の傾向にある

(gasification power generation)がある。

図5-9に発電効率を示す。蒸気タービンは小容量で効率が低下するため，大規模火力発電に適している。これに対し，ガス化発電は小規模でも高い発電効率を持つ。ORCタービンは比較的低温での運転が可能で，中規模発電に適している。スターリングエンジンは小規模発電に適しており，バイオマスの種類に関係なく発電が可能である。発電だけでなく熱回収も行うことで効率的な熱電併給(combined heat and power: CHP)が可能である。

(1) 蒸気タービン発電

蒸気タービン発電は歴史が長く普及した技術である。ボイラーで生成した高温高圧蒸気をタービンの羽根車(図5-10)に当てることで回転動力へ変換し，その動力で発電機を回すことで発電を行う。この技術は，石炭や石油による発電と類似した仕組みであり，比較的効率が高く，信頼性が高いことから，現在も効率向上のための技術改良が進められている。

図5-10　蒸気タービン[1]

(2) スターリングエンジン

スターリングエンジンは空気，ヘリウム，水素を媒体とし，温度差でピストンを駆動させる間接燃焼式エンジンである。燃焼室内で直接燃焼しないため，騒音や振動が少なく，安全性が高い。小規模用途(1～100 kWe)に適し，熱交換

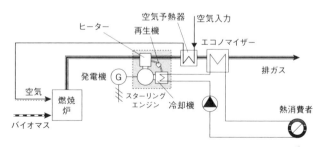

図5-11　スターリングエンジン付きバイオマス燃焼CHPプラント[1]

器を介して様々な高温熱源を使用できる利点がある(図5-11)。燃焼を直接行わないため,バイオマス以外の熱源も利用可能で,エネルギー源の柔軟性も高い。日本では実証試験が行われた時期があったが本格的な普及には至っていない。[5]

図5-12　ORCタービン発電の写真[1]

(3) ORCタービン発電

ORCタービンは,蒸気タービンと同様,ランキンサイクルを用いるが,タービンを駆動する媒体として沸点の低い有機オイル蒸気が使用される。このため,比較的低温(70～300℃)での発電が可能であり,地熱発電や産業廃熱の利用に多く用いられる(図5-12)[1]。また,木材工場や製材所などでも活用されるケースが多い。

(4) ガス化発電

木質バイオマスのガス化は,制限された空気量の中で木質燃料に熱や水蒸気

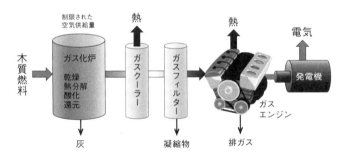

図5-13　ガス化熱電併給のシステム

を加えることにより生成ガスに変換し,この生成ガスをガスエンジンで燃焼させることで得られる回転動力から発電機を駆動することで発電を行う方式である。生成ガスはガスクーラーで水と熱交換して温水を回収でき,熱電併給として利用されることが多い。ガス化発電は,特に小規模な発電プラントでの効率が良く,地域熱供給にも適したシステムである(図5-13)。プラント規模は10～2000kWeが多く,小規模地域暖房や温浴施設での利用が一般的である。

● **主な参考文献**

1) S. van Loo, J. Koppejan : "The Handbook of Biomass Combustion & Co-firing", Earthscan (2008)
2) B. Piriou et al. : "Potential direct use of solid biomass in internal combustion engines", *Prog. Energy Combust. Sci.*, **39**, 169-188 (2013)
3) R. Marutzky, K. Seeger : "Energie aus Holz und anderer Biomasse", DRW-Verlag Weinbrenner (1999)
4) T. Nussbaumer, J. Good : "Projektieren auto matischer Holzfeuerungen", Bundesamt für Konjunkturfragen (1995)
5) 化学工学会編 : "環境エネルギー", 共立出版, 第5章（西山明雄執筆箇所）(2016)
6) M. Scheftelowitz et al. : "Stromerzeugung aus Biomasse 03MAP250", *DBFZ* (15.6.2013)

第2節 炭　化

2.1 木炭の歴史

「薪炭」という言葉があるように，木炭（charcoal）は薪（fuelwood）とともに，人間が火を生活に取り入れた時代から使われたといわれる[1]。わが国では戦後しばらくは木炭が主要な燃料であったが，エネルギー革命を経てその座を石油や天然ガスに奪われた。しかし地球規模でのエネルギー・環境問題が顕在化して，木炭は再生可能なバイオマス燃料や環境材料としてその価値が見直されている。また炭化温度を低くすることで高性能な燃料や材料として利用する技術開発も進められている。

2.2 炭化 (carbonization) の原理

炭化とは，炭焼きとも呼ばれ，外部からの酸素（空気）供給を遮断もしくは減らした状態で蒸し焼きにする方法で，製炭（charcoal making）と乾留（distillation）に大別される。前者は固体（木炭）の製造を主とする方法で，一般的な「炭焼き」はこちらを指す。後者は可燃ガスやタールなど気体や液体などへの変換を主とし，最後に残る炭はチャー（残渣）とも呼ばれる（第3節ガス化参照）。

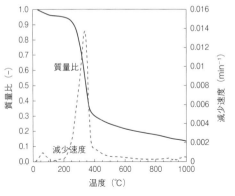
図5-14 加熱下のスギの質量減少の例

図5-15 白炭(上),黒炭(左下),おが炭(右下)の例

図5-14に熱天秤(thermogravimetry: TG)を用いてスギ(乾燥材)を窒素雰囲気下で加熱した際の質量変化の例を示す。木材は加熱下で一般に250～400℃付近から急激に熱分解して元質量の70％程度が失われ，その後炭化がゆっくりと進む。木炭は一般的にこの急激な熱分解を経て得られるものであるが，半炭化(2.7項)は，この熱分解領域の初期で炭化させる工程である。

2.3 木炭の製法と種類

木炭の製法は，伝統的製法として窯を築いて木炭を生産する築窯法(または炭窯法)や，穴を掘って炭材を敷き，枝条，草，土などを覆いかぶせて炭化する無蓋法，伏焼法などがある。[1] 最近では移動や短時間生産に優れる移動式炭化炉[2]，小型炭化炉[3]が提案されている。また工業的製法には固定床炉，ロータリーキルン，スクリュー炉などを用いる方法がある。

図5-15に木炭製品の例として白炭(white charcoal)，黒炭(black charcoal)，おが炭(briquette charcoal)を示す。木炭の製造工程は，炭窯を用いる場合，前出の熱分解領域でゆっくり蒸し焼きにした後，最終工程で窯内に空気を導入して高温処理する(精錬，ネラシ)。白炭は1000℃程度で精錬後，窯外に赤熱した木炭を排出して湿った灰(消し粉(けしこ))をかけて消火して得られる。一方黒炭は700～800℃程度で精錬後に窯内での消火を経て得られる。[1,4] おが炭はおが粉を圧密成型して棒状の成形物(ブリケット)にした後に白炭，黒炭いずれかの製法で炭化したものある。その他には，木くず，竹，ヤシ殻をそれぞれ炭化

表5-2 木炭の主な利用法(文献[5]を一部改変)

A. 物理的利用法	1.多孔性を利用	活性炭，水処理材，空気清浄材(消臭，除湿)，土壌改良材，微生物培養基材など
	2.研磨性を利用	漆器研磨，器具洗浄用など
	3.吸光性を利用	融雪剤，地温上昇材など
	4.電気特性を利用	電極，電磁波遮蔽材，カーボンフィラメントなど
	5.その他	断熱材，防音材など
B. 化学的利用法	1.反応性を利用	金属精錬，黒色火薬，二硫化炭素ほか化学薬品の製造
	2.エネルギー利用	家庭用，業務用，動力用
	3.無機成分の利用	無機質肥料，釉薬その他セラミック利用
	4.炭素固定の利用	土壌利用による炭素固定
C. 芸術，趣味的利用法		画材，お花炭，茶道用，華道用，装飾炭など

したものとして粉炭，竹炭(bamboo charcoal)，ヤシ殻炭などがある。

2.4 木炭の性質

良質の木炭は炭素含量が約90％以上と高く，揮発分が10％以下に低くなる[4]ため，燃焼時にはほぼ無炎(赤熱)となり，発熱量は30 MJ/kg(7200 kcal/kg)程度と薪の1.5倍以上に高くなる。また木炭は多孔質であり吸着能力が高く，比表面積は黒炭で高い。木炭の吸着水分が多くなると，燃焼中にその蒸発が原因で木炭が破裂して飛散する爆跳(ばくちょう)と呼ばれる現象を呈する。さらに白炭は一般に硬度が高く，ウバメガシ白炭は叩くと金属音がする。

2.5 木炭の利用法

表5-2に主な利用法を示す。物理的利用法には多孔質な性質を利用して幅広い用途がある。活性炭(activated carbon)は粉炭やヤシ殻炭を1000℃近くの高温で水蒸気またはアルカリ金属等の薬品で高温処理(賦活)して表面積を大きくしたものである。化学的利用法には家庭や業務分野での調理用，暖房用のほか，木炭ガス化の原理を利用して木炭エンジンに代表される動力用も存在した(第3節ガス化参照)。

2.6 バイオ炭

木炭は表5-2に示すように古くから土壌改良材としても用いられてきたが，最近では難分解性の炭素を土壌に貯留する効果が期待されている。バイオ炭

表5-3 各種木質燃料,石炭との比較[8]

	木材チップ[*1]	木質ペレット	トレファクションペレット[*2]	木炭	石炭
含水率(湿量%)	30～55	7～10	1～5	1～5	10～15
発熱量(MJ/kg)	9～12	15～18	20～24	30～32	23～28
揮発分(乾量%)	70～75	70～75	55～65	10～12	15～30
固定炭素(乾量%)	20～25	20～25	28～35	85～87	50～55
かさ密度(kg/m^3)	200～250	550～750	750～850	～200	800～850
エネルギー密度(GJ/m^3)	2～3	8～11	15～19	6～6.4	18～24
粉塵	中間	少ない	少ない	多い	少ない
耐水性	親水性	親水性	疎水性	疎水性	疎水性
生分解性	有	有	難	難	難
粉砕性	劣る	劣る	良好	良好	良好
品質のばらつき	大きい	小さい	小さい	小さい	小さい

*1 出典を筆者が一部改変。出典には"wood"と記されているが,かさ密度の物性値から湿潤の木材チップ(木質チップ)を指していると考えられる。
*2 トレファクションとペレット成型を組み合わせた場合。

(biochar)とは,バイオマスの炭化物を農地施用により土壌改良および炭素貯留効果の期待できる炭化物を指し,IPCCガイドラインでは「バイオマス(生物由来の有機物)を燃焼しない水準に管理された酸素濃度の下,350℃以上の温度で加熱して創られた固形物」と定義されている。バイオ炭の炭素貯留効果は2019年にIPCC改良ガイドラインでバイオ炭の土壌炭素貯留推計の算定法が整備され,日本では2020年にJ-クレジット制度にバイオ炭が追加された。バイオ炭は,低コストかつ十分な規模で行える大気からのCO_2除去(carbon dioxide removal: CDR)の技術として期待されている。

2.7 半炭化(トレファクション,低温炭化)

木炭は質量基準の発熱量が大きいようにみえるが,2.2で述べたように熱分解領域で大きく質量減少するため,実際には木材の3割程度しかエネルギーを保持できない。そのため炭化を250～350℃程度の熱分解初期領域で行い,質量減少を極力抑えることで発熱量向上とエネルギー保持を両立できる。このような低温炭化を半炭化(トレファクション(torrefaction))と呼ぶ。

表5-3に各種燃料の特徴を示す[8]。半炭化物はペレット状に圧密成型が可能な

表5-4 木炭,木質燃料の規格の例

発 行	番 号	名 称
全国燃料協会		燃料用木炭の規格
日本バイオ炭普及会	JBAS001	土壌炭素貯留用バイオ炭
	JBAS002	土壌炭素貯留用バイオ炭-測定法-
農林水産省	JAS 0030:2023	木質ペレット燃料
国際標準化機構(ISO)	ISO 16559	固体バイオ燃料―用語
	ISO 17225-1	固体バイオ燃料―燃料の仕様及び分類―第1部:一般要求事項
	ISO 17225-2	固体バイオ燃料―燃料の仕様及び分類―第2部:等級別木質ペレット
	ISO 17225-3	固体バイオ燃料―燃料の仕様及び分類―第3部:等級別木質ブリケット
	ISO 17225-4	固体バイオ燃料―燃料の仕様及び分類―第4部:等級別木質チップ
	ISO 17225-5	固体バイオ燃料―燃料の仕様及び分類―第5部:等級別薪
	ISO 17225-8	固体バイオ燃料―燃料の仕様及び分類―第8部:等級別熱処理圧縮バイオ燃料*
	ISO 17828	固体バイオ燃料―かさ密度の測定
	ISO 18122	固体バイオ燃料―灰分の測定
	ISO 18123	固体バイオ燃料―揮発分の測定
	ISO 18125	固体バイオ燃料―発熱量の測定
	ISO 18134-1	固体バイオ燃料―含水率の測定―オーブン乾燥法―第1部:全水分―基準法
	ISO 21626-1	竹炭―第1部:一般
	ISO 21626-2	竹炭―第2部:燃料用
	ISO 21626-3	竹炭―第2部:水質浄化用

*半炭化ペレット,ブリケット燃料が対象

ことから,エネルギー密度を木炭,石炭以上に高められる。また半炭化過程でヘミセルロースの分解等から,耐朽性,耐水性,粉砕性が向上する。そのため輸送,保管,粉砕がしやすいことから,火力発電用燃料などとして実用化が進められている。[9]

また材料分野で熱処理木材と呼ばれるものも半炭化処理によるものと捉えることができる。この場合,耐久性の担保の観点から,半炭化は比較的低い温度域で行われることが多い。エクステリアや舗装材用などで用いられている。[10]

2.8 木炭,木質燃料の規格

生産者が木炭や木質燃料を品質管理し,消費者が安全・安全に使用するには品質規格とその認証制度の整備が重要となる。現在,燃料用木炭,バイオ炭に

は業界規格がある一方,トレファクション燃料,竹炭に国際規格が発行済みである(ISO 17225-8, ISO 21626)。また木質燃料ではISO規格が発行済みであり,日本ではISO規格に対応する木質ペレットの日本農林規格(JAS)がある。**表5-4**の関連規格の例を示す。

● 主な参考文献

1) 岸本定吉:"炭",丸の内出版,10-97 (1976)
2) 杉浦銀治:"林試式移動炭化炉と製品の活用",林試場報,No. 183, 4-5 (1978)
3) 阿部壽夫,高橋礼二郎:"前焚き工程を短縮した新炭焼き法の実証試験",木質炭化学会誌,**13** (2), 66-71 (2017)
4) 宮藤久士,坂 志朗:"古くて新しい木炭のゆくえ —— エネルギー・環境浄化材料への応用 ——",材料,**55** (4), 356-362 (2006)
5) 杉浦銀治ら監修,恩方一村逸品研究所編:"炭焼き教本 簡単窯から本格窯まで",創森社,27 (2019)
6) 岸本(莫)文紅:"バイオ炭の農業利用と脱炭素 —— 国内外の動向と今後の展望 ——",日本LCA学会誌,**18** (1), 36-42 (2022)
7) 吉澤秀治:"土壌中の炭素貯留と土壌改良材としてのバイオ炭",炭素,**270**, 232-240 (2015)
8) IEA Bioenergy Task 32:"Status Overview of Torrefaction Technologies" (2012)
9) 吉田貴紘:"熱処理バイオマスペレット燃料の製造技術および評価方法",実験力学,**19**(3), 175-181 (2019)
10) 吉田貴紘:"半炭化処理による高性能木質舗装材の製造・利用技術開発",木材工業,**73**(9), 346-351 (2018)

第3節 熱分解・ガス化

3.1 はじめに

熱分解およびガス化(gasification)は,木材を燃料や化成品へと変換することのできる熱化学変換技術である。ガス化は小規模で高効率な発電技術としても注目されている。ここではまず,これらの技術の基盤化学である木材構成成分の熱分解過程について簡単に触れた後に,乾留およびその関連技術,急速熱分

解(fast pyrolysis)によるバイオオイル，ケミカルス生産およびガス化について解説する。

3.2 熱化学変換技術－二段階プロセス

木材の構成成分であるセルロース，ヘミセルロースおよびリグニンは，200℃付近の温度に昇温すると熱分解による重量減少が認められ始め，350℃付近の温度域で顕著に重量を減少させ，揮発性生成物と固体残渣(炭)を生成する。この過程は熱重量測定(TGA: thermogravimetric analysis)により容易に調べることが可能である。400℃以上の温度域における重量減少速度は相対的に小さいことから，200～400℃の温度域で木材は揮発生成物と炭へと変換され(一次熱分解)，これらの一次熱分解生成物がさらに二次熱分解することで最終生成物へと変換される(図5-16)。

主に二次熱分解条件の違いにより，様々な熱化学変換技術が存在する。燃焼は酸素との反応であり，一次熱分解物はCO_2と水に変換されて熱を放出する。炭化は炭の生成に有利になる条件が用いられ，凝集性の揮発性生成物を得ることが目的である熱分解や急速熱分解においては，一次生成物のガスや炭への変換を抑制する条件が用いられている。木材由来の揮発性一次熱分解物のガス化は600℃以上の温度域で顕著になることから，凝集性の揮発性生成物を得るためには一般的に600℃以下の温度が用いられる。最後にガス化は，非凝集性のガスを得ることが目的であることから600℃以上の高温が用いられる。このように，二段階プロセスにおける二次熱分解過程の違いにより，燃焼，炭化，熱分解，急速熱分解およびガス化を規定することが可能である。なお，燃焼以外のプロセスでは無酸素あるいは酸素(空気)の制限された条件でなされる。

例えば800℃のような高温の炉の中に木材を導入した場合にも，木材が昇温する過程の200～400℃の温度域で一次熱分解が起こることに注意が必要である。炭化や乾留では，熱分解が始まると多量の揮発性生成物が気化して気化熱が奪われ，気化熱が熱供給とバランスすることで木材の温度(一次熱分解温度)を400℃以上にすることは困難である。この一次熱分解を450℃付近の高温で行うプロセスが急速熱分解である。セルロースが結晶性であり結晶内部の分子が熱に対して安定であることから，木材を小さくして熱供給を大きくすることで，熱分解による気化が顕著になる前に木材の温度を450℃にまで昇

第3節 熱分解・ガス化

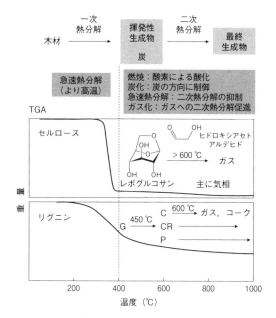

図5-16 木材の熱分解過程（リグニンは針葉樹の例）

温することが可能になる。このような条件では，過熱状態で液体生成物が生成し，純粋なセルロースであればレボグルコサン（levoglucosan, 1,6-anhydro-β-D-glucopyranose，沸点：385℃）が一気に揮発する。

3.3 木材構成成分の一次および二次熱分解機構[1-3]

ここでは，セルロースとリグニンの熱分解特性について簡単にまとめる（図5-16）。セルロースは，350℃付近の温度域で急激に熱分解して多量の揮発性生成物を与える。純粋なセルロースからの残渣（炭）の収量は10〜20％程度と少ない。したがって，セルロースの熱分解における二次熱分解では固相よりも気相の寄与が大きい。主な生成物はレボグルコサンであり，セルロースは非ラジカル機構で解重合する。

一方，リグニンの400℃以下での一次熱分解では，α-およびβ-エーテル構造の大部分が開裂し，針葉樹リグニンからの主要な一次熱分解物はコニフェリル

アルコールである。しかしながら，コニフェリルアルコールは熱に対して不安定であることから即座に二次熱分解するため回収量はごく僅かである。キノンメチド中間体を経た重合(C-C結合を主に生成)などにより主に重合生成物へと変換されることから，リグニンの一次熱分解における揮発性生成物の量は少なく，多くは残渣(炭)となる。なお，リグニンのエーテル開裂反応の多くはラジカル機構で進行し，一次熱分解において多量のラジカルを生成する点でセルロースやヘミセルロースと異なる。

コニフェリルアルコールの例のように，木材からの一次熱分解物の多くは，元の構成成分よりも熱に対して不安定である。この性質は，効率的な熱分解やガス化プロセスを構築する上で障壁となっている。この一見逆説的な性質は，揮発性生成物が気体として生成することで説明され得る。木材からの一次熱分解物は水酸基などの官能基を有しており，250℃以上の高温度域において水素結合などの分子間相互作用が酸やアルカリ触媒として作用するため，気体が凝集して液相になることで反応性が高まり，焦げる傾向がある。一方，分子間相互作用の希薄な気相では安定である。例えば，レボグルコサン(沸点385℃)は気相では600℃近くの温度域まで安定であるが，凝集して液相になると250℃で焦げる。コニフェリルアルコールも250℃で分解，重合する。

木材多糖由来の揮発性生成物は，気相では600℃付近の温度域から断片化や脱水反応などを受けてCO, H_2, メタン，エタン，エチレン，CO_2などに変換される。一方，リグニン由来の揮発性生成物は，昇温とともに温度に応じた反応を受ける。450℃付近の温度域でメトキシル基のO-CH_3結合がラジカル開裂し，メタン，メタノールなどとともに針葉樹ではカテコール(catechol)類を生成する。また，この過程でメチル基の転位とメトキシル基の脱離が起こり，それぞれo-クレゾール(cresole)類とフェノール類を与え，ナフタレンなどの多環芳香族炭化水素(PAH: polyaromatic hydrocarbon)やコークも少量ではあるが生成する。さらに600℃付近の温度域になると，カテコール類が崩壊してCO, H_2などのガスとPAH類，コークを生成する。さらに高温になると段階的にo-クレゾール類，フェノール類も同様にガス，PAH類，コークに変換される。なお，450℃付近の温度域で側鎖構造は，2重結合を含むものから飽和炭化水素(メチル，エチル，プロピル)および無置換体へと変化する。

炭は，化学的にはベンゼン環の集積したPAH構造を含むが，リグニンのベンゼン環は意外にも木材多糖よりもPAH構造になりにくく，上述のように昇温とともに段階的に進行する．

3.4 乾留と関連技術

乾留は，基本的に炭化であり，揮発性生成物を利用するのが乾留であり，利用しないのが炭化である[4]．木材から生成する揮発性生成物を冷却すると液体生成物と木ガスに分離できる．液体生成物を静置すると，上層の黒赤褐色の水溶液(木酢液)と高粘度で黒色の液体(木タール)が得られる．乾留は，燃料としての炭の需要の多かった，石油化学以前の時代に行われていたプロセスであり，現在ではあまり行われていはいない．木酢液(wood vinegar)から酢酸，メタノールなどが，木タールからグアイアコールとクレオソールを主成分とするクレオソート油が得られる．なお，酢酸とメタノールの主な起源はそれぞれヘミセルロースのアセチル基とリグニンのメトキシル基であり，これらの製造には広葉樹が有利である．

近年では，触媒との組み合わせにより生成物の選択性をより高めた木材からのケミカルス生産が提案されている．特に，触媒を用いたリグニンからの芳香族モノマー類の生産については多くの研究・開発がなされている．例えば，Wangらは，芳香族溶媒を用いてリグニンの一次熱分解物の再重合を抑制する条件で，触媒を用いて水素化することで一次熱分解物の再重合が効率的に抑制されるとともに，熱分解では開裂しないC-C結合で縮合した構造が開裂することで，高収率に芳香族モノマーが得られることを報告している[5]．石油化学工業におけるナフサ画分からの反応蒸留でオレフィンとBTX(ベンゼン，トルエン，キシレン)が得られるように，木材から化学工業原料を選択的に得るような技術が構築できれば，木材による石油化学の代替が期待できる．

3.5 急速熱分解[6,7]

前述の急速熱分解条件では，最大80％程度の収率で黒褐色の液化物(バイオオイル(bio-oil)，バイオクルードと呼ばれる)が得られる．見た目は石油に近いが，木材構成成分の熱分解物である無水糖(anhydrosugar)，有機酸，リグニン由来モノマーおよびオリゴマーなどが液状になったものであり，15〜30％の水を含む．木材に含まれる水と熱分解により生成する水がその起源であり，発熱量

を高くするためには乾燥した木材の使用が必要である。また，ギ酸や酢酸などの有機酸を含んでおりpH2.8～3.8と弱酸性である。バイオオイルは，16～19 MJ/kg（HHV）と石油の半分程度の発熱量を持っており，液体燃料として利用できる。固体である木材は嵩張りエネルギー密度が低く貯蔵や運搬が困難であるが，バイオオイルにすることでこれらの課題が解決できる。このような理由で，現地でバイオオイルに変換するモバイルな急速熱分解システムの開発もなされている。

燃焼用の液体燃料以外の用途として，レボグルコサン，ヒドロキシアセトアルデヒドなどのケミカルス生産，エンジン用燃料への改質などの検討もなされている。触媒を用いてバイオオイルを水素化することでディーゼル燃料等に変換できる。ゼオライトZSM-5触媒と処理することでオレフィン類やベンゼン類を主成分とする液体燃料への改質も可能である。また，触媒とともに木材を急速熱分解する方法についても多くの検討がなされている。

3.6　ガス化[8]

木材ガス化の歴史は古く，石油製品が用いられる前には木炭をガス化して得た生成ガスでエンジンを動かして走る木炭自動車が用いられていた。気体燃料の利点はエンジンやガスタービンを動かすことができる点であり，小規模で高効率なバイオマス発電としてガス化発電が注目されている。固体である木材をガス化するもうひとつの利点はガスからの化学合成である。

ガス化プロセスにはガス化炉内で燃焼させる部分酸化方式と炉内で燃焼させない間接加熱方式があり，それぞれ生成ガスの組成が異なる。前者の生成ガスにはN_2とCO_2が含まれており，熱量は後者のガスよりも低い。加圧プロセスも存在するが，生成ガス利用のおけるガスの圧縮工程の省略が目的である。ガス化炉には主に固定床と流動床が用いられ，前者ではガスを上方に回収するアップドラフト型と下方に回収するダウンドラフト型がある。

ガス化では，木材からの一次熱分解物をCO，CH_4，H_2などの可燃性ガスにまで二次熱分解させるために一般的に800℃以上の高温が用いられ，炭をガス化するためにガス化剤として酸素（空気）や水蒸気が用いられる。炭素のみを元素とするガスが常温では存在しないため，炭をガス化するためにはガス化剤を用いて酸化する必要がある。化学的にはベンゼン環を酸素，水蒸気を用いて

酸化する工程が炭のガス化である。ガス化における重要な反応に，water-gas shift反応($CO + H_2O \rightarrow CO_2 + H_2$)がある。この反応を用いると生成ガス中のCOが$H_2$に変わり，水蒸気ガス化による木材からの水素製造が可能である。

ガス化は高温プロセスであるが冷ガス効率(室温まで冷却したガスの発熱量ベースの効率)は意外と高く50～70％と言われている。熱分解ガス化や部分燃焼ガス化の多くが発熱反応であり，化学的に安定な炭を生成する過程が発熱反応であることなどが理由である。一方，水蒸気ガス化は吸熱過程であり，水蒸気とともに空気(酸素)が用いられる。このように，木材ガス化では外部からの熱の供給は通常考えられていない。高温のガスが得られることから，顕熱(廃熱)を利用することでガス化の効率はさらに向上する。

木材ガス化の最大の課題はタール(tar)の問題である。ガス化において副生する凝集性の生成物が，配管の閉塞や生成ガスを利用する際のエンジンの焼け付きや触媒の失活などを引き起こす。単なる液状生成物の問題ではなく，ススを生成したり凝集後に炭化してコーキングを起こしたりする。また，高沸点で安定なPAH類も生成する。ガスの精製や触媒による低減なども数多く検討されているが，これらの問題を低減したクリーンガス化の構築が求められている。

木材ガス化を用いたエネルギー利用方法のひとつに発電がある。固定価格買取制度によりバイオマス発電の導入が急速に進んできたが，ガス化発電は小規模発電に分類されている。信頼性のある発電システムは燃焼－水蒸気タービン発電であるが，発電効率が低いことから事業化するためには広いエリアから林地残材などを収集する必要がある。これに対して，小規模でも発電効率が高く，排熱を利用しやすいガス化発電に期待が寄せられている。現時点ではタールの問題による低い稼働率が課題である。ガス化することで，ガスタービンと水蒸気タービンを組み合わせた複合発電によるさらなる高効率化も可能である。

もうひとつのガス化の応用の方向性が，合成ガス(synthesis gas, $CO + H_2$)を経由したメタン，炭化水素合成である。天然ガスおよび石油が合成できることから，現在の天然ガス，石油のインフラがそのまま利用可能である。2015年のパリ協定以降，2050年カーボンニュートラル目標が掲げられ，社会情勢は劇的に変化してきた。2050年までに人為的な温室効果ガスの発生をネットゼロにする必要から，自動車の電動化が急速に進みつつあり，バイオ液体燃料の

興味はガソリン・ディーゼルの代替から電動化の困難な航空燃料や船舶燃料に移っている。また，石油に替わる化成品原料としての木材の利用も脱石油の流れの中で注目されている。

● 主な参考文献

1) 河本晴雄："セルロースの熱分解反応と分子機構"，木材学会誌，**61**(1), 1-24 (2015)
2) H. Kawamoto："Lignin pyrolysis reactions", *J. Wood Sci.*, **63**(2), 117-132 (2017)
3) 河本晴雄："生成物制御のためのリグニン熱分解分子機構"，日本エネルギー学会機関誌 えねるみくす，**96**(4), 487-494 (2017)
4) 栗山 旭："木材乾留工業とその将来"，燃料協会誌，**41**(425), 752-759 (1962)
5) J. Wang *et al.*：" Pyrolysis-assisted catalytic hydrogenolysis of softwood lignin at elevated temperatures for the high yield production of monomers", *Green Chem.*, **25**(7), 2583-2595 (2023)
6) A.V. Bridgwater："Review of fast pyrolysis of biomass and product upgrading", *Biomass Bioenergy*, **38**, 68-94 (2012)
7) C. Liu *et al.*："Catalytic fast pyrolysis of lignocellulosic biomass", *Chem. Soc. Rev.*, **43**, 7594-7623 (2014)
8) 笹内謙一："バイオマスの熱分解ガス化による発電利用"，日本燃焼学会誌，**47**(139), 31-39(2005)

第6章　化学的変換

第1節　酸加水分解

1.1　木材の酸加水分解の歴史

酸加水分解による木材糖化の歴史は古く，1819年にBracannot（ブラカノー）が濃硫酸によるセルロースの糖化を報告したのが最初とされる。セルロースを加水分解してグルコースを得れば，アルコール発酵によりガソリン代替燃料であるバイオエタノール（bioethanol）を生産できる。また，グルコースから様々な化学原料を誘導し，石油化学工業で生産される化成品の多くを代替することも可能である。

酵素糖化技術が発展する比較的近年まで，木材糖化の主流は酸加水分解であった。工業規模での実績がある方法としては，濃硫酸法，希硫酸法，濃塩酸法が挙げられる。これらの技術は長年の研究によりほぼ確立されているが，可食性資源（デンプンや糖蜜）を原料とする方法よりも高コストである。そのため，木材糖化工場は主に戦時の非常経済下で操業されたものの，現在では商業的にはほとんど使用されていない。しかし，可食性資源の利用は食糧需要と競合するため，今後も低コスト化を目指した木材糖化の開発は進められるだろう。

木材糖化の研究は周期的に盛衰を繰り返してきた。第一次および第二次世界大戦時には燃料用アルコールや飼料用糖蜜の生産のための木材糖化工場がドイツやスイスなどで稼働していた。戦後，1950年代には総合化学工業としての発展を目指した研究が盛んに行われた。1970年代には石油ショック，2000年代には京都議定書の発効を契機として，バイオエタノール生産を目的とした研究が世界中で盛んになった。そして2020年代には，パリ協定を契機として木

材糖化が再び脚光を浴びている。ただし，21世紀に入ってからはバイオテクノロジーの発展を背景に酵素糖化(第7章1節)の研究が増加している。本節では，代表的な酸加水分解法である濃硫酸法および希硫酸法の基礎を概説するが，より詳細についてはほかの総説[1,2]や書籍[3]も参照されたい。

1.2 濃硫酸法

濃硫酸法の基本原理は，リグニン定量に用いられるクラーソン法と同じである。クラーソン法では，まず1gの木粉を15mLの72％硫酸水溶液中に分散させ，20℃で2時間静置する。次いで，水560mLを加えて硫酸濃度を3％に希釈し，還流冷却器などを用いて4時間沸騰させることで，木材中の多糖成分を単糖まで加水分解する。このとき生じる水不溶残渣がクラーソンリグニンである。

この一連の操作では(図6-1)，まず高濃度硫酸処理により木材中のセルロースが加水分解を伴いながら膨潤する。同時に，硫酸がアクセス可能なミクロフィブリル表面の水酸基には硫酸半エステルが導入される。これらの過程で，加水分解で生じたセロオリゴ糖が可溶化し，硫酸半エステルの負電荷の反発によってミクロフィブリルが分散し懸濁化する。その結果，均一またはそれに近いセルロースの酸加水分解が実現される。ただし，硫酸が高濃度のまま加温すると糖の炭化が顕著になるため，硫酸濃度を3％まで希釈してから煮沸し，最終的に単糖まで加水分解する。このとき，導入された硫酸半エステルも加水分解で除去される。

濃硫酸法の最大の長所は，約90％の高収率で木材多糖を単糖まで加水分解できることである。一方，最大の欠点は，触媒量ではなく溶媒量(少なくとも木材と同重量かそれ以上)の多量の硫酸が必要なことである。硫酸の回収・再利用も容易ではなかったため，当初，濃硫酸法は工業的な木材糖化には適さない

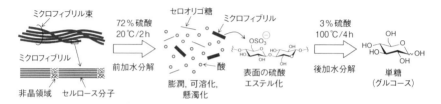

図6-1 クラーソン法(濃硫酸法)によるセルロースの加水分解

と考えられ，最初の工業生産は希硫酸法によって実現された。

しかし，糖液から硫酸を分離する技術が発展したことで，濃硫酸法の工業化が検討されるようになった。1963年，日本では規模80トン／日の結晶グルコース生産工場が旭川市に完成した。このプロセスは北海道法（図6-2）として世界的にも知られている[3]。高純度のグルコースを得るために，まず水蒸気処理でヘミセルロースを分解・除去し，フルフラールとメタノールを副産物として得る。その後，80％硫酸で前加水分解を行い，後加水分解は硫酸濃度30％，110℃で行う。そして，陰イオン交換膜を用いた拡散透析によって硫酸を回収する。糖液中に残存した硫酸を中和した後，復塩法によって精製し，結晶グルコースを生産する。しかし，この工場はトラブルの多発により事業計画通りに稼働できず，1年足らずで操業が停止された。最大の原因は，水蒸気分解工程におけるチップの固形化および閉塞であったとされる。

1996年にはアメリカのArkenol社が濃硫酸法の特許を取得した。このArkenolプロセスでは[4]，硫酸は陰イオン交換カラムによって分離・回収される。前加水分解は70％硫酸で行い，後加水分解は30％硫酸，95℃で行われる。2000年代には，Arkenol社からライセンスを受け，パイロットスケールでバイオエタノール生産を検討した企業が複数存在した。しかし，可食性資源からのバイオエタノールと比べるとまだ高コストであり，大規模な商用運転には至っていない。

なお，クラーソン法では木材1gに硫酸を約18g使用しているが，北海道法やArkenolプロセスでは硫酸の使用量を極力削減し，原料とほぼ等重量の硫酸を使用している。また，後加水分解の硫酸濃度は30％と，クラーソン法(3％)

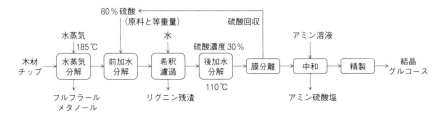

図6-2　北海道法(濃硫酸法)のプロセスフロー

の10倍の濃度であるが，これは水の使用量を極力削減し，高濃度の糖液を得るためである。実際，硫酸や水の使用量をこれだけ低減しても，セルロースからの糖収率はクラーソン法とほとんど変わらない。

1.3 希硫酸法

希硫酸法では，濃度0.5～1％程度の硫酸水溶液中で酸加水分解を行う。濃硫酸法と異なり，セルロースの膨潤，可溶化，懸濁化を伴わないため，均一酸触媒と固体原料との間の不均一反応になる。そのため，工業的に十分な反応速度を得るためには，濃硫酸法よりも高温条件が必要であり，ヘミセルロースの糖化には150℃程度，セルロースの糖化には180℃以上の温度が求められる。

希硫酸法の最大の利点は，硫酸の使用量が少ないため，硫酸の回収が不要なことである。しかし，高温条件のために糖の過分解（脱水や断片化など）が起こり，フルフラール類やアルデヒド類が生成する。これにより，糖収率は50％程度に留まり，糖液中には不純物が多く含まれるため，結晶グルコースの生産には適さず，アルコール発酵などの基質として利用されるのが一般的である。ただし，フルフラール類やアルデヒド類が高濃度になると発酵阻害物質となるため，注意が必要である。

希硫酸法では糖の過分解を抑制するため，半回分式（図6-3a）の反応器が採用される。この反応器の中に木材原料を充填し，加熱した希硫酸を上部から流加させる。未分解の固体原料は反応器内に残って処理が継続される一方，加水分解で生成した糖は可溶化し，下部から速やかに排出される。これにより，生成した糖の反応器内での滞留時間を最小限にし，糖の過分解を抑制する。希硫酸の体積流速を増加させるほど，短時間で糖が排出されるため，糖収率が改善する。しかし，その場合，水と硫酸の使用量が増加するため，生産コストやプラントへの投入エネルギーが増加する。また，図6-3bのように，希硫酸中でのセルロースの加水分解速度k_1とグルコースの過分解速度k_2の比k_1/k_2は，処理温度や硫酸濃度が増加するほど大きくなる[5]。つまり，高温ほどグルコース収率が高くなるため，希硫酸法ではやや高めの反応温度が選ばれる。

第一次および第二次世界大戦時には，ドイツやスイスなどで希硫酸法のひとつであるショーラー法が工場規模で稼働していた。この方法では，反応温度185℃で濃度0.7～1％の希硫酸を間欠的に供給する。ショーラー法はアメリ

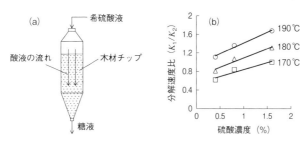

図6-3　希硫酸法の(a)半回分式反応器と(b)セルロースk_1とグルコースk_2の分解速度比[5]

カで改良され，マジソン法として工場規模で操業された時期もある。マジソン法では，0.5％の希硫酸を連続的に流加し，反応温度を150℃～185℃に変化させる。このように反応温度を変化させるのは，反応初期には低温でヘミセルロースを，反応後期には高温でセルロースを分解し，糖収率を改善するための工夫である。

　以上のように，酸加水分解による木材糖化は様々な改良がなされてきたが，現状ではまだ高コストのため，可食性資源からの糖を木材で置き換える状況には至っていない。さらなる低コスト化のため，硫酸を使わない方法として超臨界水や加圧熱水による加水分解も検討されたが，それらは次節以降で述べる。

● 主な参考文献

1) 葛岡常雄："木材糖化工業化の現状"，高分子，**4**(11)，495-497（1955）
2) 古谷 剛："木材中の多糖類の加水分解"，材料，**30**(334)，657-665（1981）
3) 北海道法を考える会編："わが国における木材加水分解工業：北海道木材化学株式会社の記録"，エフ・コピント富士書院，1-330（1997）
4) William A. Farone *et al.*："Method of separating acids and sugars using ion resin separation"，United States Patent, 5580389, 1-12（1996）
5) J. F. Saeman："Kinetics of wood saccharification-hydrolysis of cellulose and decomposition of sugars in dilute acid at high temperature", *Ind. Eng. Chem.*, **37**(1), 43-52（1945）

第2節　超臨界流体処理

2.1　超臨界流体 (supercritical fluid) とは

図6-4に温度と圧力による水の密度変化を示す。1気圧(≒0.1 MPa)では、水は100℃で沸騰し、液体から気体に相変化して密度が急減する。圧力が高くなるほど沸点は上昇し(例えば1 MPaでは180℃)、この沸点上昇に伴って液相密度(飽和液線)は低下し、気相密度(飽和蒸気線)は増加する。そのため、ある温度で液相と気相の密度が一致し、気液の区別が消失する。この点を臨界点と呼び、水の場合は374℃および22.1 MPaとなる。臨界温度を超え、気液平衡が消失した非凝縮性の流体を超臨界流体と呼ぶ。しかし、一般には臨界温度T_cと臨界圧力P_cの両方を超えた流体を超臨界流体とする定義が浸透している。

超臨界流体は、気体のような高い拡散性と液体のような高い溶解能を兼ね備えている。また、水やメタノールのようなプロトン性溶媒は、高温・高密度下でイオン積が増加するため、酸を添加しなくても加溶媒分解が進行する。さらに、温度と圧力の調整により、これらの溶媒特性を幅広く、かつ連続的に制御することが可能である。[1] このような特徴から、超臨界流体処理は木質バイオマスの分解技術のひとつとして期待され、研究が進められてきた。

実際のところ、木質バイオマスの反応場としては、超臨界流体であることよりも、反応に必要な温度や溶媒としての十分な密度を持つことのほうが重要である。ガス化が目的であれば高温の超臨界水が適しているが、糖化が目的であればより低温の加圧熱水が適している。例えば、水中でのセルロースの加水分解には約270℃が必要であるが、その温度で水を液相に保つため、飽和蒸気圧(270℃では5.5 MPa)以上に加圧する必要がある。これが加圧熱水処理である(6

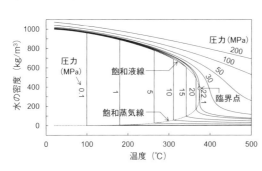

図6-4　温度と圧力による水の密度変化

章3節)。本節では,比較的研究が進んでいる超臨界水および超臨界メタノール中での木質バイオマスの分解挙動を概説する。超臨界流体そのものの性質については,ほかの書籍を参照されたい[1]。

2.2 超臨界水(>374℃, >22.1 MPa)

超臨界水(supercritical water)中ではセルロースは瞬時に分解・可溶化する。図6-5は,各種溶媒中での微結晶セルロースの一次分解速度定数κのアレニウスプロットである。κは次式で定義される。

$$W = W_0 e^{-\kappa t} \tag{6.1}$$

Wは残渣重量,W_0は処理前のセルロース重量,tは処理時間(sec)である。400℃・25 MPaの超臨界水中ではκは約$60\,\text{sec}^{-1}$であり[2],これはわずか0.1秒でも微結晶セルロースがほぼ完全に分解・可溶化することを意味する。270℃の加圧熱水でもκは約$0.01\,\text{sec}^{-1}$であり,10分程度の処理でほぼ分解・可溶化する。これに対し,メタノール($T_c = 239$℃),アセトン($T_c = 235$℃),1,4-ジオキサン($T_c = 312$℃),およびテトラヒドロフラン($T_c = 267$℃)における分解速度定数は水の場合より2桁以上小さく,270℃ではセルロースはほとんど分解しない。

このように,水はほかの溶媒よりもセルロースの分解能力が優れている。これは,水がプロトン供与性に優れ,かつ分子サイズが小さく,セルロース内部へのアクセスが容易なためだと考えられる。また,350℃以上ではセルロースの分解速度が急激に増加する。この現象は無溶媒下の熱分解でも観察されることから,超臨界水特有の現象ではなく,温度自体の影響であり,セルロース分子内および分子間の水素結合の変化や緩みに起因すると考えられる。

図6-6には,超臨界水中でのセルロースの主な分解経路を示す[3]。セルロース(1)は加水分解によりセロオリゴ糖(2)や

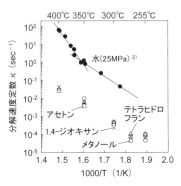

図6-5 各種溶媒中での微結晶セルロースの分解速度定数の温度依存性

グルコース(3)へと分解する。還元糖であるグルコースは不安定であり，フルクトース(4)への異性化，脱水によるレボグルコサン(5)や5-ヒドロキシメチルフルフラール(5-HMF)(6)への分解，あるいは断片化してエリトロース(7)やグリコールアルデヒド(GA)(8)などが生成される。同様の脱水および断片化反応はセロオリゴ糖の還元性末端でも起こる。これらの生成物は，さらに重合物や炭化物(主に脱水化物から)，有機酸，ガス(H_2, CO, CO_2, CH_4など)へと分解する。超臨界水中では，5-HMFへの脱水反応が顕著であり，例えば水分子が関与する図6-7の機構が提案されている[4]。また，高温下での断片化反応も顕著であり，これは図6-8のようなレトロアルドール機構に基づくと考えられている[5]。

このように，還元糖であるグルコースは不安定であり，超臨界水中では速やかに分解して多様な生成物を生じる。そのため，セルロースからのグルコース生産には，より低温の加圧熱水が適している。加圧熱水処理においても反応経路は図6-6と同様であるが，反応速度が超臨界水の場合よりも遅いため，セロオリゴ糖やグルコースの段階で生成物を回収しやすい。

リグニンは，水中では230℃程度でヘミセルロースとともに分解・可溶化する。二量体リグニンモデル化合物を用いた研究から，リグニンは主にβ-O-4結合がキノンメチド中間体を経てラジカル的に開裂し，低分子化していると考えられている。そのため，針葉樹リグニンからの主な一次生成物はコニフェリルアルコール(CA)であるが，CAは不安定なため，即座に重合や側鎖の分解が進行する。超臨界条件下では反応が速いため，CAはほとんど検出されず，側鎖が分解された多様な芳香族化合物を生ずるが，380℃程度の条件ではグアイアシル核は比較的安定である。また，5-5，β-1，およびβ-5結合を有する二量体生成物が検出され，これらのC-C結合も安定である。

超臨界水や加圧熱水中では，リグニンは分子量3000(ポリスチレン換算)程度まで低分子化すると可溶化するが，常温に戻るとこれらのリグニン由来オリゴマーは凝集し，水から分離する。超臨界水処理で得られるオリゴマーはオイル状であり，縮合型結合構造に富んでいるが，加圧熱水処理では固体の沈殿物として分離し，元のリグニンの化学構造や結合様式を比較的維持している。

超臨界水処理の応用として，主に木質バイオマスのガス化が研究されている。一方，糖化や炭化が目的の場合は加圧熱水のほうがよく採用される。水熱ガス

第2節 超臨界流体処理

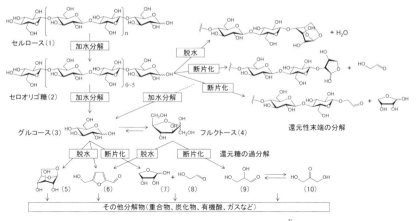

図6-6 超臨界水中でのセルロースの分解[3]

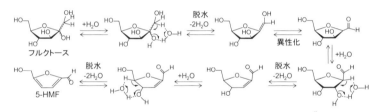

図6-7 水が関与したフルクトースから5-HMFへの脱水反応[4]

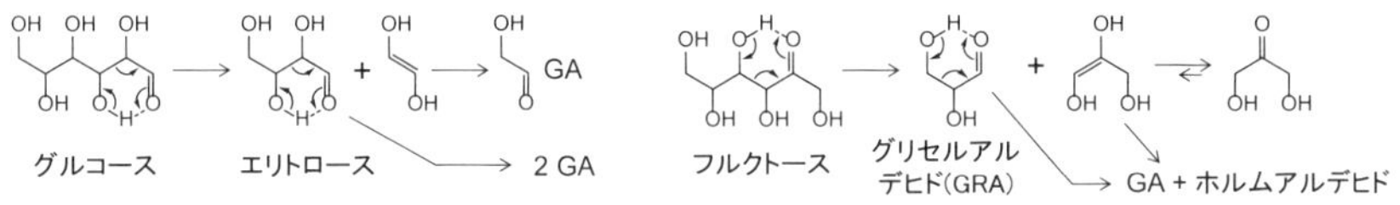

図6-8 グルコースおよびフルクトースの断片化反応[5]

化は，通常350〜600℃，20〜30 MPaの条件下，ニッケルやルテニウムなどの固体触媒を用いて行われ，含水原料をそのまま処理できる利点がある。一般的な熱分解ガス化では，セルロースは安定な無水糖(レボグルコサン)を経由してガス化するため，800℃以上の高温を要する。これに対し，水熱ガス化では不安定な還元糖のグルコースを経由するため，容易に断片化し，350〜600℃でもH_2，CH_4，COなどの可燃性ガス化を生産できる。しかし，高温・高圧条件

のため，設備コストが高く，さらに反応容器や触媒の劣化も課題となる。

2.3 超臨界メタノール (>239℃, >8.1 MPa)

超臨界メタノール処理では，セルロースの分解には350℃以上が望ましく，270℃以下ではほとんど分解しない。**図6-5**で示したように，350℃での分解速度定数は約 $0.01\,\text{sec}^{-1}$ であり，このとき微結晶セルロースは8分でほぼ完全に分解・可溶化する。メタノールはプロトン性溶媒であるが，非プロトン性溶媒であるアセトン，1,4-ジオキサン，テトラヒドロフランにおける分解速度定数もメタノールとほぼ同等であり，**図6-5**の中では水だけが特異である。結局，水のような特殊な例を除けば，溶媒の種類に関わらずセルロースの分解には350℃以上の温度が必要であり，これは無溶媒下の熱分解でも同様である。

図6-9には超臨界メタノール中でのセルロースの主な分解経路を示す。セルロース(1)はメタノリシスによりメチルグルコシド(2)，または熱分解によりレボグルコサン(3)へと分解する。超臨界水処理の場合とは異なり，オリゴ糖はほとんど生成されない。これらの一次生成物は非還元糖であり，還元糖のグルコースよりもはるかに安定であるため，350℃以上の高温でも直ちに分解することはない。しかし，長時間の処理では，超臨界水処理の場合と同様に脱水物を経て重合したり，有機酸やガスへと分解したりする。ただし，炭化物の生成はほとんど見られない。一方，セルロースの還元性末端は不安定であり，そこから断片化して低分子のアルデヒド類を生成する。

リグニンは，超臨界メタノール中では270℃程度でヘミセルロースとともに分解・可溶化する。ただし，超臨界水の場合と比較すると，リグニンはより溶出しやすく，ヘミセルロースは分解しにくい。**図6-10**には超臨界メタノール中での β-O-4型リグニンモデル化合物の分解経路を示す。超臨界水の場合と同様，フェノール性 β-O-4 結合はキノンメ

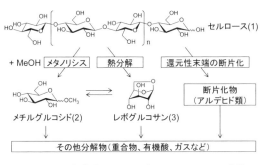

図6-9 超臨界メタノール中でのセルロースの分解

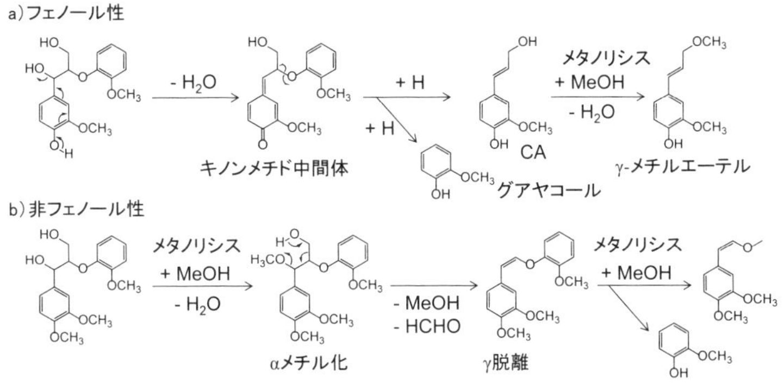

図6-10 超臨界メタノール中でのβ-O-4型リグニンモデル化合物の分解

チド中間体を経て速やかにラジカル開裂してCAを生成し，さらにメタノリシスによってγ-メチルエーテルに変換される。これらの芳香族モノマーは超臨界メタノール中で比較的安定であり，高収率で回収される。針葉樹（スギ）を超臨界メタノール処理した場合でも，CAおよびそのγ-メチルエーテルが高収率で得られ，ほかの芳香族モノマーの生成は少ない。β-O-4結合の開裂によるリグニンの低分子化は，超臨界水では230℃，超臨界メタノールでは270℃で進行するのに対し，無溶媒下の熱分解では約350℃が必要である。これは，溶媒の存在によってキノンメチド中間体の生成が容易になるためだと考えられる。

非フェノール性β-O-4モデル化合物の場合，まずαヒドロキシ基がメチル化され，γ炭素が脱離し，その後メタノリシスによってβエーテルが開裂する。この反応はメタノールの密度が一定以上でなければ進行せず，反応速度もフェノール性モデル化合物より遅い。

超臨界メタノール処理において，リグニンは分子量3000（ポリスチレン換算）程度まで低分子化すると可溶化するが，常温に戻ってもこれらのリグニン由来オリゴマーはメタノールに溶解したまま凝集しない。これらのオリゴマーは元のリグニンの化学構造や結合様式を比較的維持しているが，図6-10と同様，一部のαヒドロキシ基やCA単位のγヒドロキシ基のメチル化が起こっている。

超臨界メタノール処理による木質バイオマス変換の応用例としては，リグニンからの芳香族ケミカルス生産が挙げられる。2010年代以降，リグニンの接触水素化分解による芳香族ケミカルス生産の研究が世界的に増加しているが，

溶媒としてメタノールがよく採用されている。一般的な接触水素化分解の条件下(250〜350℃)では，メタノールは超臨界状態となる。水素化触媒にはパラジウム，ルテニウム，ニッケルなどが使用される。リグニンからの主な一次生成物であるCAはキノンメチド機構で重合しやすいが，側鎖の二重結合を水素化することで重合を抑制できるため，芳香族ケミカルス生産にはこの方法が適している。

以上，超臨界水および超臨界メタノール中での木質バイオマスの分解反応を概説した。なお，ここで示された分解反応は，多糖の加溶媒分解(加水分解およびメタノリシス)を除けば，無溶媒下の熱分解でも同様に見られる反応がほとんどである。このことから，木質バイオマスの超臨界流体処理は「溶媒存在下での熱分解」といっても概して正しいといえる。

● 主な参考文献

1) 化学工学会超臨界流体部会編："超臨界流体入門"，丸善出版，1-254 (2008)
2) M. Sasaki et al.: "Cellulose hydrolysis in subcritical and supercritical water", Ind. Eng. Chem. Res., **39**(8), 2883-2890 (1998)
3) K. Ehara, S. Saka: "A comparative study on chemical conversion of cellulose between the batch-type and flow-type systems in supercritical water", Cellulose, **9**, 301-311 (2002)
4) M. J. Antal Jr. et al.: "Mechanism of formation of 5-(hydroxymethyl)-2-furaldehyde from D-fructose and sucrose", Carbohydr. Res., **199**(1), 91-109 (1990)
5) S. Matsuoka, et al.: "Retro-aldol-type fragmentation of reducing sugars preferentially occurring in polyether at high temperature: Role of the ether oxygen as a base catalyst", J. Anal. Appl. Pyrolysis, **93**, 24-32 (2012)

第3節　加圧熱水処理

3.1　はじめに

あらゆる物質は温度と圧力の条件によって固体，液体，気体の三態いずれかの状態をとる。一定圧力下で温度が上昇すると物質を構成する分子の分子運動

が激しくなるため，物質は固体から液体，液体から気体へと変化する。一方，一定温度下で圧力が上昇すると分子間引力が優位となり，気体から液体へと変化する。しかし，液体と気体の境目である気液平衡線には臨界点と呼ばれる終点が存在し，ある一定の温度・圧力以上になると，液体並の高い密度を有しながら気体並に高い拡散係数と低い粘度を持つ，液体と気体の両方の性質を併せ持った流体へと変化する。この状態のことを超臨界流体と呼び，物質が水の場合は超臨界水と呼ぶ。超臨界水の特徴や化学的変換処理への適用については前節で詳細に述べられているが，本節では超臨界水よりも穏和な条件下で存在する加圧熱水(hot-compressed water)について説明する。

3.2 加圧熱水の特徴

水の臨界点(critical point)は温度が374℃以上，圧力が22.1 MPaであるが，加圧熱水とはその臨界点よりやや低い温度・圧力域に位置する水のことである(図6-11)。加圧熱水の明確な定義は確立されていないが，150〜400℃/数〜数十MPa程度の温度・圧力範囲で，液体状態の水を指すことが多く，「亜臨界水(subcritical water)」・「高温高圧水(high-pressure and high-temperature water)」などとも呼ばれる。

加圧熱水は超臨界水と同様，酸やアルカリ，触媒などが存在しなくてもエーテル結合やエステル結合を持つ有機物を高速に加水分解する性質を持つ。圧力が25 MPaのときの水の誘電率とイオン積の温度依存性を図6-12に示すが，常温で80程度の誘電率は温度の上昇とともに低下し，非極性の物質も溶解可能となる[1,2]。一方，イオン積は増大し，300℃付近で極大値を示す。このため，触媒等を添加することなく，H^+とOH^-を介した加水分解反応が活発になる。なお，25 MPaではイオン積は400℃以上で急激に減少するが，さらに高い圧力域では400℃以上での極端なイオン積の減少は抑制される[1,3](図6-13)。

常温では数個の水分子が水素結合して，

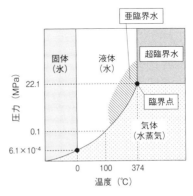

図6-11 水の状態図

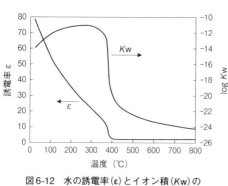

図6-12 水の誘電率(ε)とイオン積(K_w)の温度依存性[1,2]

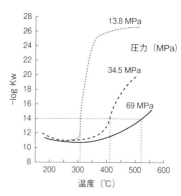

図6-13 水のイオン積(K_w)の温度および圧力依存性[1,3]

実質的には大きな分子となって存在している。水中の水素結合数の温度依存性を図6-14に示すが,20℃付近は約7割の水分子が4分子の重合体を形成しており,氷と同じ結晶構造である4配置座の四面体となっている[4,5]。温度上昇に伴い水分子の動きは活発となり,水素結合が切断されて単分子が活発に活動するようになる。そのため,加圧熱水中で有機物を反応させると,水分子と有機物との接触機会が増大し,ユーテル結合やエステル結合の加水分解がより速やかに進行することになる。

加圧熱水処理と超臨界水処理を比較すると,反応速度は超臨界水処理の方が非常に高速であるが,処理時間が数秒異なるだけで得られる生成物の構成が大きく変化する可能性がある。一方,加圧熱水処理は数分から数十分単位の処理時間を要することが多く,目的物を得るための反応の制御はしやすい。また,

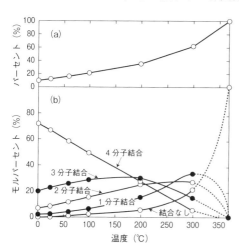

図6-14 水中の水素結合数の温度依存性[4,5]
(a) 切断された水素結合数の割合
(b) 0〜4の水素結合を持つ水分子の割合

超臨界水よりも低温低圧領域での反応になるため,処理装置にかかる費用やエネルギー消費量を抑えられるなどの利点もある。

3.3 加圧熱水処理による木材主要成分の反応

加圧熱水処理によって,木材の主要成分のひとつであるセルロースは高速に加水分解され,水可溶性のセロオリゴ糖やグルコースに変換される。生成したグルコースは構造異性体のフルクトースへの変化や,5-ヒドロキシメチルフルフラール,フルフラール,レボグルコサン,グリコールアルデヒド,ジヒドロキシアセトン等への熱分解を生じ[6],最終的には有機酸類や二酸化炭素にまで分解する。微結晶セルロースおよびスギ木粉の分解速度定数のアレニウスプロットを図6-15に示すが,微結晶セルロースでは350～360℃付近に変曲点が存在し,超臨界水領域での分解速度定数が急激に増大していることがわかる[7-9]。一方,スギ木粉では明確な変曲点は存在しないが,これは,微結晶セルロースが単一物質で加水分解反応が均相的に生じているのに対し,スギ木材はセルロースやヘミセルロース,リグニン等から成る複合材料で,反応性も各構成成分によって大きく異なり,分解反応が不均一に生じているためと推測される。グルコースはバイオエタノールの原料となることから,2000年前後には加圧熱水処理を用いた効率的なグルコース生産のための研究が数多く行われた。

ヘミセルロースもセルロースと同様,加圧熱水処理によって加水分解し,マンノースやガラクトース,アラビノース,キシロースなどの構成糖およびそれらのオリゴ糖が得られる。非晶のヘミセルロースは結晶性のセルロースよりも低温で分解するため,例えば処理前半では200℃前後の比較的低温域でヘミセルロースを分解し,処理後半では300℃以上に昇温してセルロースを分解することで,生

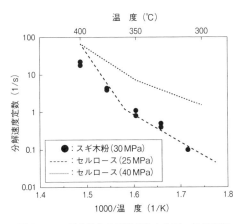

図6-15 スギ木粉および微結晶セルロースの亜臨界水/超臨界水処理による分解速度のアレニウスプロット[7-9]

成物をある程度分離して回収することも可能である[10]。

リグニンの場合，加圧熱水処理によってエーテル型(β-O-4型)結合が優先的に開裂して分解する。そのため，加圧熱水処理後に不溶物として回収される残渣は縮合型結合に富んだリグニンが中心となる。

その他，百数十℃，数MPaの穏和な条件下では，マツ樹皮からのタンニンの回収や，ヒノキ樹皮からのテルペン類の回収も可能である。このような，比較的低温・低圧領域の加圧熱水で有用成分を回収する処理のことを「加圧熱水抽出(hot-compressed water extraction)」・「亜臨界水抽出(subcritical water extraction)」と呼ぶこともある。

3.4 蒸煮・爆砕処理

木材の成分分離法として古くから知られている蒸煮・爆砕処理(steam explosion treatment)も，広義では加圧熱水処理のひとつであるといえる。蒸煮・爆砕処理は木材チップをオートクレーブ中で180～230℃の水蒸気で2～20分間処理した後，軟化したチップを水蒸気とともにチップを瞬時に大気中に放出して，物理的に破壊する繊維化方法である[11]。蒸煮処理によってヘミセルロースに含まれるアセチル基が遊離して酢酸が生成し，この酢酸酸性下でヘミセルロースとリグニンの分解が起きる。ヘミセルロースは酸加水分解によってオリゴ糖や単糖にまで低分子化し，水可溶となる。リグニンはエーテル結合が

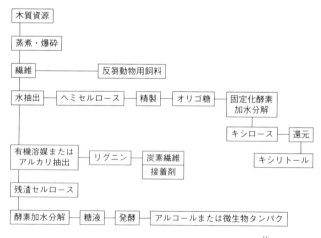

図6-16 蒸煮・爆砕による木材成分総合利用プロセス[11]

開裂して低分子化し，メタノール等の有機溶媒に可溶となる。このようなリグニンの変質により，リグニンによるセルロースの包埋構造に緩みが生じ，セルロースは露出して，セルラーゼによる酵素糖化が可能となる。以上のような反応を踏まえ，**図6-16**に示すような，蒸煮・爆砕処理によって低分子化したヘミセルロース，リグニンをそれぞれ分別し，その有効利用を図るとともに，セルロースは酵素での加水分解および発酵によって微生物タンパクやアルコールに変換する，木材成分の総合利用プロセスが検討された。また，木材の主要三成分に分離することなく，解繊された段階で牛をはじめとした反芻動物用の粗飼料としての利用も検討された。

● **主な参考文献**

1) 佐古 猛編："超臨界流体——環境浄化とリサイクル・高効率合成の展開——"，アグネ承風社，49-54（2001）
2) J. W. Tester et al.："Supercritical water oxidation technology"，Acs. Symp. Ser., **518**, 35-76（1993）
3) S. Ramayya et al.："Acid-catalysed dehydration of alcohols in supercritical water"，Fuel, **66**(10), 1364-1371（1987）
4) 水野孝之："超臨界水の物性と活用"，材料と環境，**47**, 298-305（1988）
5) G. H. Haggis et al.："The dielectric properties of water in solutions"，J. Chem. Phys., **20**, 1452-1465（1952）
6) 坂 志朗ら："超臨界流体技術による木質バイオマスの利活用"，木材学会誌，**51**(4), 207-217（2005）
7) 松永正弘，松井宏昭："超臨界水及び亜臨界水によるスギの高速化学変換"，木材学会誌，**50**(5), 325-332（2004）
8) M. Sasaki et al."Dissolution and hydrolysis of cellulose in subcritical and supercritical water"，Ind. Eng. Chem. Res. **39**, 2883-2890（2000）
9) 林 蓮貞，坂 志朗："亜臨界及び超臨界水中におけるセルロースの反応速度論"，第53回日本木材学会大会研究発表要旨集，**53**, 480（2003）
10) M. Matsunaga et al."Chemical conversion of wood by treatment in a semi-batch reactor with subcritical water"，J. Supercrit. Fluids, **44**, 364-369（2008）
11) 森林総合研究所監修："改訂4版　木材工業ハンドブック"，丸善株式会社，965-970（2004）

第4節　加溶媒分解

　加溶媒分解とは，言葉の意味としては，物質を溶媒中で分解するのに，溶媒自体が分解物に加わりながら分解が進行する現象で，木質系バイオマスの分解においては，有機溶媒中での分解・変換を意図して使われることが多い。特に，有機溶媒中でのパルプ化などは，加溶媒分解を積極的に生じさせた技術として知られる。有機溶媒中での分解の場合，使用した媒体中での分解に加え，媒体自体の分子が分解物と結合するので，分解物に任意の機能を付与することが可能となる。バイオリファイナリーを目的とした場合，パルプや機能性のリグニン誘導体を製造する方法とした加溶媒分解が行われており，エタノール蒸解や[1]，グリコールリグニンの製造[2]などの例が知られている。一方で，成分分離ではなく，バイオマス全体に分解媒体による機能を付与し，全体を樹脂原料に利用する試みも多く行われた。これらは，汎用有機溶媒に溶解した状態や，見製造技術としても知られるようになった(図6-17)。

　液化木材の開発は，木材にプラスチックのような熱流動性を付与するため，ベンジル化などの化学修飾を施したところ，有機溶剤に溶解する現象を見出して始まったとされる。検討を進める中で，化学修飾を行っていない無処理の木材でも，フェノール類や多価アルコール中で処理すると有機溶剤に溶解する物質に変換される例が見出され，液化技術としての開発が進んだ[3]。液化の手法は，いくつか提案されたが，少なくとも硫酸などの酸触媒を用いた常圧下での処理においては，分解物に媒体が結合している点からも，酸加溶媒分解が主反応と考えられる。液化木材の開発は樹脂原料化を主目的としたた

図6-17　ペースト状に変換された木材(液化木材)

め，フェノール類や多官能のアルコール類を用いた技術が最も盛んに検討された。ここでは木材液化の中でも加溶媒分解反応によるものを紹介する。

4.1 フェノール類による木材の加溶媒分解

フェノール類を木材に作用させる試みは多く，パルプ化技術がよく知られるが，単に分解媒体として使用するのでなく，結合させることを目的とした場合は，結合したフェノールを起点とした，フェノール樹脂に類似した樹脂化を行うことができる。フェノール樹脂は最も古い人工的に作られたプラスチック素材で，フェノールとホルムアルデヒドを用いて合成され，酸性化での縮合反応によるノボラックや，アルカリ下で調製するレゾールなどとして広く利用されている。フェノールによる木材分解においては，木材由来物にフェノールが結合していることを利用して，ヘキサミンを作用させてノボラック相当の樹脂として成型物が試作されている[4]。一方，同様の製造法からフェノール樹脂代替の接着剤としてレゾールが調製され，木材用接着剤に適応する技術も開発された[5]。木材にフェノールを作用させるには，酸触媒を仕込んだフェノールに木粉を浸漬し，常圧下で加熱することだけで実に簡単に行うことができる。生成物は黒色のペーストとして得られるが，反応の度合いは反応条件に強く依存し，反応初期ではフェノール系のパルプ化と同様にリグニンが酸加溶媒分解し，追って，糖成分が分解する。特にアセトンなどの汎用有機溶媒に完全に溶解するまで行った場合は，セルロースまでも変換され，見かけ上は均質な黒色物質となる。このフェノールによる木材の酸分解技術は，プラスチック代替の液状の木材を得たい目的からは木材の液化と呼ばれ，一方，フェノールとの反応物を得たい目的からは，木材のフェノール化ともよばれた。生成物の組成について，糖骨格の残存の有無など，議論があり，糖骨格の消失の証拠が出されたり，フェノール配糖体の断片が同定されたりした。生成物の組成は反応の度合いに大きく依存するため，どの段階の反応物を利用するかにより大きく異なってくる。

4.2 多価アルコール類などによる木材の加溶媒分解

ウレタン樹脂製造用のポリオールなどの製造を目的として，ポリエチレングリコール(PEG)やグリセリンなどと硫酸などの酸触媒中での木材の分解が検討された[6]。上記のフェノール中での分解と同様に，木材成分は媒体中で酸分解されるとともに，分解物に使用したアルコール類が結合した組成物が生成する。

アルコール中でのパルプ化や，グリコールリグニンなどの機能性のリグニン誘導体を製造する技術との違いは，セルロースまでも可溶化する点で，そのため，反応条件はソルボリシスパルプ化などのリファイナリー技術のそれと比較して強い条件を要す。例えば添加する硫酸触媒の量は，リファイナリー技術が約 0.3 wt%/solvent に対し，液化は約 3 wt%/solvent と約 10 倍量を要する。全体をポリオールのしてしまう技術であるので，分離生成のプロセスを要せず，簡易にバイオベースのペーストを製造できる点で検討が進んだ。発砲ウレタン樹脂組成物やエポキシ樹脂組成物など，様々な汎用プラスチック代替材料が開発された[7]。

　反応の効率化においては，セルロースの分解速度が全体の律速であるため，セルロースの分解と媒体の特性の関係の解析が進み，媒体の比誘電率がセルロースの分解に大きく関連することが見出された。そして，高い比誘電率を持つエチレンカーボネート（Ethylene Carbonate: EC）やプロピレンカーボネート（Propylene Carbonate: PC）中での酸加溶媒分解が極めて迅速に進行することが報告されている[8]。

　生成物の組成は，反応の度合いに依存するが，セルロース由来物までも可溶化するところが特徴であり，糖成分の酸加溶媒分解機構に関する解析が進んだ。そして，セルロースの解重合とグルコシドを生成するが，反応を進めると，糖骨格も変換され，ヒドロキシメチルフルフラール誘導体を経てレブリン酸エステルまでに返還されることが報告された[9]。組成を一定にするには，例えば，グルコシドの状態で反応を止めるなどが考えられるが，反応系は不均一であるため，それぞれの成分の分解度合いを完全に制御するには課題が残されている。

　一方，糖の酸加溶媒分解を積極的に進め，セルロースの大部分をレブリン酸エステルに変換する試みも行われた。糖の酸加溶媒分解プロセスを詳細に解析し，あえて糖類との親和性がそれほど高くない媒体を用いることなどで，一段の処理のみで理論収率の9割に近いレブリン酸エステル類を製造するユニークな技術も開発されている[10]。

● 主な参考文献

1) E. K. Pye, J. H. Bra : "The Alcell process a proven alternative to kraft

pulping", *Tappi J.*, **74**(3), 113-117 (1991)
2) 山田竜彦ら："グリコールリグニンの製造方法及びそのシステム"，特許第6890821号
3) 白石信夫："木材の液化と二,三の応用"，日本油化学学会誌，**46**(10), 1227-1316 (1997)
4) L. Lin, *et al.*: "Preparation and properties of phenolated wood/ phenol/ formaldehyde cocondensed resin", *J. Appl.Polym. Sci.*, **58**, 1297 (1995)
5) 小野拡邦ら："樹脂原料組成物の製造方法"，特許第2611166号
6) 白石信夫ら："リグノセルロース物質の液化溶液の製造法"，特許第3012296号
7) Y. Kurimoto *et al.*: "Durability of polyurethane films from liquefied woods", *Eur. J. For. Res.*, **5**, 1-10 (2002)
8) T. Yamada, H. Ono: "Rapid liquefaction of lignocellulosic waste by using ethylene carbonate", *Biores. Technol.*, **70**, 61-70 (1999)
9) T. Yamada, H. Ono: "Characterization of the products resulting from ethylene glycol liquefaction of cellulose", *J Wood Sci.*, **47**(6), 458-464 (2001)
10) T. Yamada, *et al.*: "Direct production of alkyl levulinates from cellulosic biomass by a single-step acidic solvolysis system at ambient atmospheric pressure", *BioResources*, **10**(3), 4961-4969 (2015)

第5節　イオン液体処理

5.1　イオン液体[1,2](ionic liquid)とは

　塩は，カチオン（陽イオン）とアニオン（陰イオン）から構成される化合物であるが，多くの無機塩の場合，一般的に融点が高く，例えば塩化ナトリウムではその融点は800.4℃である。しかしながら，ある種の塩では融点が著しく低下し，室温付近に融点を持つものも存在する。このような融点の低い塩の総称がイオン液体である。イオン液体を定義づける融点は決まっておらず，100℃あるいは150℃付近以下と認識されている。したがって，イオン液体とは，100℃あるいは150℃付近以下に融点を持つ塩の総称であると説明される。

　塩化ナトリウムを水に溶解させると水中ではナトリウムカチオンと塩素アニオンとが存在することとなるが，イオン液体は水のような溶媒を含むことなく，カチオンとアニオンのみで構成されているにも関わらず，それ自体で液体

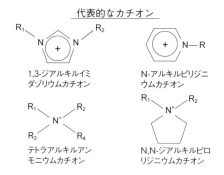

図6-18 イオン液体を構成する代表的なカチオンとアニオン

となっていることが特徴である。また，一般に溶解力に優れている，揮発性が極めて低い，難燃性，低粘性などの性質を有すると言われている。図6-18に，イオン液体を構成する代表的なカチオンとアニオンを示している。これらのカチオンとアニオンおよびそれらの組み合わせは数多くあり，この組み合わせを変化させることで，融点などの諸物性が様々に異なったイオン液体を調製することができる。

5.2 木質バイオマス利用のためのイオン液体処理

木質バイオマスを有効利用するためのイオン液体処理技術に関して様々な報告があるが，木質バイオマスのケミカル（化学成分）利用とマテリアル（材料）利用を目指したものに大別される。ケミカル利用は木質バイオマスの化学成分を利用して化成品を製造しようとするものであり，マテリアル利用は木質バイオマスをそのまま材料として利用するものである。したがって，この両者では目指す製品開発の目的や用途が異なる。イオン液体は上述のように塩の総称であり，それぞれの化合物で性質は大きく異なることから，ケミカル利用およびマテリアル利用の両者で用いられるイオン液体に求められる性質も大きく異なる。したがって，目的に合致した性質を有するイオン液体を選択することが重要である。

5.3 木質バイオマスのケミカル利用のためのイオン液体処理[3]

(1) 溶解（液化）と成分分離（separation of components）への応用

木質バイオマス中の主要構成成分であるセルロース，ヘミセルロース，リグニンは化学構造が異なり，化学反応性も大きく異なるため，それらを利用して各種化成品を製造しようとする場合，木質バイオマスをそのままの状態で各種の化学反応プロセスに供することは難しい。したがって，それぞれの成分を分

離し，それぞれに適した化成品製造プロセスを構築しようとする考え方がある。この成分分離のためにイオン液体を利用することが可能である。これは各種のイオン液体が木材中のセルロース，ヘミセルロース，リグニンに対して溶解性が異なることを利用している。この目的には，例えば1-ブチル-3-メチルイミダゾリウムクロリドのような，カチオンにイミダゾリウム，アニオンにクロリドを有するものや1-エチル-3-メチルイミダゾリウムアセテートのようなカチオンにイミダゾリウム(imidazolium)，アニオンにアセテートを有するものがよく用いられる(表6-1参照)。これらのイオン液体はセルロース溶解性を有するため，木質バイオマス中のセルロースをイオン液体中に溶解させることで成分分離を行うことができる。

溶解したセルロースは，セルロースに対する貧溶媒(アンチソルベント)を添加することで沈殿としてイオン液体中から回収することができる。回収したセルロースは非晶であり，セルラーゼによる酵素加水分解により効果的にグルコースへと変換することができる。このイオン液体処理プロセスは，酵素加水分解を含むバイオリファイナリー(biorefinery)の前処理(pretreatment)として位置づけられる。このような木質バイオマスの成分分離や前処理のためのイオン液体処理は多数の研究があり，上記のイオン液体以外にも様々なイオン液体が利用可能であると報告されている。

(2) 化学変換

上記の溶解処理では，木質バイオマスの構成成分であるセルロース，ヘミセルロース，リグニンを高分子のままイオン液体中に溶解することを狙ったものである。一方で，ある種のイオン液体ではこれらの成分の低分子化や様々な低分子化合物への化学変換が引き起こされることが分かっている。

1-エチル-3-メチルイミダゾリウムクロリド中(表6-1参照)にセルロースを溶解させ100℃程度で加熱すると加水分解が生じ，グルコースが得られる。この反応系に，水および硫酸や塩酸などの酸触媒を添加することでより速く反応を進めることができる。また，木材についても各種イオン液体中で固体酸も含めた様々な酸触媒を用いて同様に処理することで，グルコースやキシロースなどの木材を構成する各種糖類，セロビオサンやレボグルコサンなどの無水糖が回収できる。さらに，この反応系では，単糖だけでなくバイ

オ燃料や化成品原料として有用とされる5-ヒドロキシメチルフルフラール(5-hydroxymethylfurfural)やフルフラール(furfural)などのフラン化合物も得られる。このイオン液体反応系に触媒として塩化クロムを用いると，高収率でフラン化合物が生産できるという報告もある。また無触媒であっても，1-メチルイミダゾリウム硫酸水素塩(**表6-1** 参照)を用いるとフラン化合物が高収率で生成するとされている。一方，リグニンからはバニリン，コニフェリルアルデヒド，シリンガアルデヒド，シナピルアルデヒドなどが得られることも明らかとなっている。イオン液体の前駆体であるテトラブチルアンモニウムヒドロキシドを用いた処理では，バニリン(vanillin)やバニリン酸(vanillic acid)が高収率で得られることも報告されている。

(3) 誘導体化と複合材料の調製

イオン液体(例えば1-ブチル-3-メチルイミダゾリウムクロリド)が木材およびセルロースを溶解することを利用して，イオン液体にこれらを溶解させた後，アセチル化，サクシネート化，ベンゾイル化，カルバニル化などの各種の誘導体化反応を行い，様々な誘導体を調製する方法がある。また，セルロースを1-アリル-3-メチルイミダゾリウムクロリドに溶解させた後，TiO_2 とイオン液体中で複合化する方法や1-ブチル-3-メチルイミダゾリウムクロリド中でウール(羊毛)と複合化する方法も報告されている。さらに，1-ブチル-3-メチルイミダゾリウムクロリド中で木材をラウロイル化やベンジル化した後にイオン液体中でポリスチレンと混合させ，複合材料を調製する方法もある。これらは，イオン液体が木材やセルロースに対してだけでなく，各種の材料に対しても溶解力が優れる性質を利用し，均一な溶解系での誘導体化反応や複合化反応を行おうとするもので，不均一反応系に比べてより短い反応時間で反応が行え，得られる材料も均質であるという利点がある。

5.4 木質バイオマスのマテリアル利用のためのイオン液体処理[3]

木質バイオマス(木材)は「燃える」，「腐る」，「寸法が変化する」という特徴を有している。これらの性質は，利用上は長所とも短所とも捉えることができる。「燃える」という性質により，我々はバイオマスからエネルギーを得ることができ，それをもとに発電も行える。しかしながら，マテリアルとして建築材料に利用する場合は，火災に弱く欠点として捉えられ，改善が求められることが

表6-1 木質バイオマス利用に用いられるイオン液体

イオン液体	化学構造
1-ブチル-3-メチルイミダゾリウムクロリド	Cl^-
1-エチル-3-メチルイミダゾリウムアセテート	CH_3COO^-
1-エチル-3-メチルイミダゾリウムクロリド	Cl^-
1-メチルイミダゾリウム硫酸水素塩	HSO_4^-
1-エチル-3-メチルイミダゾリウムテトラフルオロボレート	$[BF_4]^-$
1-エチル-3-メチルイミダゾリウムヘキサフルオロホスフェート	$[PF_6]^-$
リン酸二水素コリン	$H_2PO_4^-$
1,3-ジメチルイミダゾリウムジメチルホスファート	$(CH_3O)_2PO_2^-$
1-エチル-3-メチルイミダゾリウム p-トルエンスルホン酸	$-SO_3^-$
トリブチル(エチル)ホスホニウムジエチルホスファート	$(C_2H_5O)_2PO_2^-$
ビス(1-エチル-3-メチルイミダゾリウム)テトラチオシナトコバルタート	$Co(SCN)_4^{2-}$
1-ヘキシル-1,4-ジアザ[2.2.2]ビシクロオクタニウムビス(トリフルオロメチルスルホニル)イミド	$(CF_3SO_2)_2N^-$
テトラブチルホスホニウムヘキサフルオロホスファート	$[PF_6]^-$
1-ブチルピリジニウムヘキサフルオロホスファート	$[PF_6]^-$

ある。「腐る」という性質については，生分解性であると捉えると，一般的なプラスチックのような合成高分子が有していない環境適合性能として重要な性質であると考えられる。一方で，建築材料として利用する場合，使用時に材料が腐ることは建築物の性能低下を招くことから，燃える性質と同様，改善が求められる。寸法が変化することは，木質バイオマスが水分を吸収し膨潤することに起因するものであるが，この水分を吸収する性質は屋内で材料として利用される時には，室内の湿度調整機能として捉えられる。一方で，膨潤，収縮を繰り返すことは材料の割れ，反りなどを引きおこす原因でもあるので，改善が求められることがある。

「燃える」，「腐る」，「寸法が変化する」を欠点として捉え，これらを改質した高機能性木材を調製する方法は様々な提案なされているが，イオン液体を用いた処理方法についても報告がなされている。一般的な処理方法としては，イオン液体を何らかの溶媒に溶解させ，得られた溶液を木材に含浸し，その後乾燥させることで溶媒を蒸発させ，木材中にイオン液体を導入するものである。木材のマテリアル利用における高機能化を目指した処理であることから，用いられるイオン液体には前述のケミカル利用とは異なる性質が求められる。すなわち，イオン液体処理工程において，木材に対して化学変換などのような著しい化学成分変化を引き起こさず，また処理木材には割れや反り，変色などの目立った変化を引き起こさないことも求められる。

1-エチル-3-メチルイミダゾリウムテトラフルオロボレート，1-エチル-3-メチルイミダゾリウムヘキサフルオロフォスフェート(**表6-1** 参照)で木質バイオマスを処理しても割れや反り，変色などの目立った変化は見られず，もとの木材の風合いを維持していることから，これらのイオン液体は木材に対して，低分子化や液化といった分解反応は引き起こしていない報告されている。

(1) 難燃性向上への利用[4]

様々なイオン液体が木質バイオマスの難燃性(fire resistance)向上に効果があるとされているが，代表的なイオン液体として，リン酸二水素コリン，1,3-ジメチルイミダゾリウムジメチルホスファート，1-エチル-3-メチルイミダゾリウム p-トルエンスルホン酸などが難燃性の向上には効果が高いとされているが，そのほかにもトリブチル(エチル)ホスホニウムジエチルホスファート，ビ

ス(1-エチル-3-メチルイミダゾリウム)テトラチオシナトコバルタート，1-ヘキシル-1,4-ジアザ[2.2.2]ビシクロオクタニウムビス(トリフルオロメチルスルホニル)イミドなども効果がある(表6-1参照)。これらを用いたイオン液体処理木材では熱重量分析および示差熱分析の結果，350℃あるいは450℃での残存量が無処理木材よりも多く，また，無処理木材で見られる燃焼による発熱ピークが抑制されたと報告されている。

(2) 耐蟻性向上への利用[5]
テトラブチルホスホニウムヘキサフルオロホスファートおよび1-ブチルピリジニウムヘキサフルオロホスファート(表6-1参照)で処理したイオン液体処理木材で耐蟻性(termite resistance)の向上が見られる。ヤマトシロアリおよびイエシロアリを用いた耐蟻試験の結果，死虫率の増加およびシロアリの食害による重量減少が抑制されることが明らかとなっている。またこれらのイオン液体処理木材では難燃性の向上も見られている。

● 主な参考文献

1) 北爪智哉，北爪麻己:"イオン液体の不思議"，工業調査会，10-13 (2007)
2) 宇井幸一ら，大野弘幸編:"イオン液体II"，シーエムシー出版，4-15 (2006)
3) H. Miyafuji : "Application of ionic liquids for effective use of woody biomass", *J. Wood Sci.*, **61**(4), 343-350 (2015)
4) M. Yokokawa *et al.* : "Comparative study on the fire resistance of wood treated with various ionic liquids", *J. Soc. Mater. Sci., Jpn.*, **68**(9), 712-717 (2019)
5) H. Miyafuji, K. Minamoto : "Fire and termite resistance of wood treated with PF6-based ionic liquids", *Sci. Rep.*, **12**, 14548 (2022)

第6節　マイクロ波照射

6.1　マイクロ波

電磁波の一種であるマイクロ波は，家庭用電子レンジとして広く普及している。マイクロ波〜高周波の帯域の電磁波は，X線や紫外光，可視光，赤外光と比較して波長が1mm以上と長いため，電子の励起や化学結合の振動を引き起

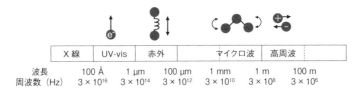

| X線 | UV-vis | 赤外 | マイクロ波 | 高周波 |

波長　　　100 Å　　1 μm　　100 μm　　1 mm　　1 m　　100 m
周波数（Hz）3×10^{16}　3×10^{14}　3×10^{12}　3×10^{10}　3×10^{8}　3×10^{6}

図6-19　電磁波の周波数と物質への作用

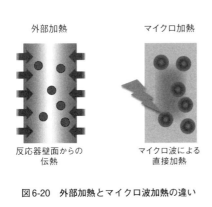

図6-20　外部加熱とマイクロ波加熱の違い

こすことはできない。一方，双極子の回転緩和やイオンなどの荷電粒子の振動を誘起することが特徴である（図6-19）。

マイクロ波は主に通信（携帯電話やWiFi）やレーダーに用いられているが，産業や民生用の加熱装置として，化学，材料，食品などの分野で広く用いられている。マイクロ波は，被照射物を直接かつ内部から高速で加熱すること，また，マイクロ波の吸収特性に優れた物質を高選択的に加熱することを特徴とし，これにより化学反応を促進する[1]。

マイクロ波の透過性の高い媒質中に，マイクロ波吸収性の高い物質を配置した場合，この物質から選択的な発熱が生じる（図6-20）。特に，熱伝導性の低い材料を加熱する場合においては，外表面から加熱する場合と比較して，効率的に加熱することができる。さらに，再生可能エネルギーの普及が進む中，マイクロ波加熱は電気化学などと並び電気を用いて化学プロセスを駆動する産業電化技術のひとつとしても注目されている[2]。

6.2　マイクロ波装置

効率的なマイクロ波加熱のために，反応系に応じてマイクロ波装置構成を最適化する必要がある。一般的に広く用いられる電子レンジ型の装置は，マルチモードと呼ばれる（図6-21A）。マグネトロンから照射されたマイクロ波は，庫内で乱反射する。定在波の形成による加熱ムラを防ぐため，マイクロ波を撹拌するスターラーファンと試料を回転するテーブルで構成される。一方，シング

第6節 マイクロ波照射

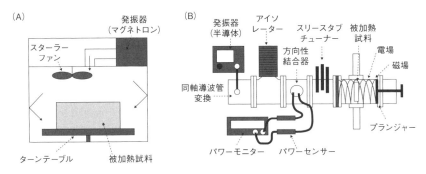

図6-21 マイクロ波装置構成 (A)マルチモード, (B)シングルモード

ルモード型装置では，空洞共振器を用いてマイクロ波と試料を共振させることで，マルチモード型よりも低い電力で高い加熱効率が得られる(図6-21B)。マイクロ波源に半導体発振器を用いることで，さらに加熱効率を高めることも可能である。これに加えて，反応中の温度を正確に測定する装置として，光ファイバー温度計，赤外放射温度計，サーモグラフィーなどを備える。また，固体試料は摂動法，液体試料は同軸プローブ法などの複素誘電率測定を行い，加熱に最適な周波数(915 MHz, 2.45 GHz, 5.8 GHzなど)を決定する。

6.3 マイクロ波水熱反応

バイオマスの水熱反応は，酵素糖化前処理や水熱炭化，水熱ガス化などに用いられる。特に高含水なバイオマスに対して，乾燥工程を経ずに処理することが可能である。また，水はマイクロ波を良好に吸収する溶媒であり，マイクロ波を用いることで，効率的にバイオマスの水熱反応を行うことができる。一方，水のマイクロ波吸収特性は昇温に伴って低下する。亜臨界状態の水は，極性が低下し有機溶媒に近い物性となるため，徐々にマイクロ波吸収性が低下する[3]。この場合，マイクロ波は水に深く浸透し，バイオマスに到達し，直接加熱されるようになる。

1970年代より，マイクロ波を用いた水熱反応が，酵素糖化前処理法として有効であることが示されてきており，パイロットスケールのマイクロ波加熱装置や，加溶媒分解などへの応用も検討されてきた。特に，マイクロ波は結晶性セルロースの分解を促進することが報告されている[4]本方法は，リグノセルロー

スからのヘミセルロースの抽出や，ポリフェノール成分の抽出にも効果的である。また，リグノセルロースのみならず，海藻類や食品廃棄物からの糖鎖の分離にも応用されている。

6.4 マイクロ波触媒反応

マイクロ波は媒質を透過し，触媒を直接加熱され局所的な高温場（ホットスポット）を形成することで，低温のバルク反応温度においても反応が加速される。これまでに，マイクロ波照射中の*in situ*でのラマン分光や，蛍光寿命測定，X線吸収微細構造，X線全散乱測定などによって，触媒上に局所的な高温場が形成されることが示されている。マイクロ波の照射によって，ゼオライトなどの酸触媒を用いた糖鎖の加水分解や，酸化銅触媒を用いたリグニンの酸化分解によるバニリンへの変換[5]，イオン交換樹脂系の酸触媒を用いた糖のHMFへの変換[6]などに有効であることが示されている。

6.5 マイクロ波急速熱分解反応

バイオマスの急速熱分解およびガス化は，試料を500～1000℃以上に昇温する必要がある。外部熱源を用いた熱分解の場合，バイオマスと熱媒体を効率よく接触させるため，微粉末化する必要がある（図6-22A）。2000年代初頭より，マイクロ波を用いたバイオマスの熱分解が検討されてきた[7]。特に，バイオマスはマイクロ波の吸収特性の低いものが多いため，活性炭やバイオチャーなどのマイクロ波吸収剤を添加した熱分解法が検討されている。さらに近年，半導体を用いた急速熱分解法も検討されている。半導体発振器と空洞共振器を用いることで，高強度化したマイクロ波電場が形成される。これにより，マイクロ波吸収剤を添加することなく，直接バイオマスをマイクロ波で加熱し，わずか十数秒で熱分解することが可能である[8]。また，マイクロ波加熱を用いた場合，バイオマスの自己発熱によって熱分解が進行するため，粒子サイズが大きい方が，熱の拡散を防ぎ反応性を高めることができる。粉砕はエネルギー効率の低いプロセスだが，マイクロ波を用いることでバイオマスを微粉末化することなく，急速熱分解することができる（図6-22B）。

6.6 その他のマイクロ波反応

マイクロ波は電解質を含む溶媒を効率的に加熱することができる。これはイオンが電場によって振動し，ジュール加熱が生じることによる。イオンのみで

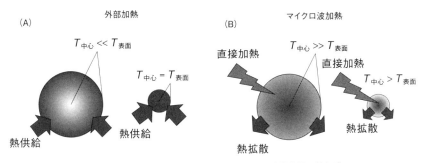

図6-22 (A)外部加熱および(B)マイクロ波急速熱分解の熱伝導

構成されたイオン液体はセルロースや，リグノセルロースの可溶化に有効である。2000年代にイオン液体が開発されたころより，マイクロ波加熱を用いることで，結晶性セルロースのイオン液体への溶解性が高まる。さらに，速度論的な解析によって，マイクロ波によるイオン選択的な加熱が，結晶性セルロースの可溶化を促進する機構も提案されている[9]。マイクロ波照射中のセルロースの可溶化速度をもとに得たアレニウスプロットから，マイクロ波が頻度因子を高めていることが分かった[10]。これは，イオン液体を構成するイオンのうち，特に，結晶性セルロース中の水素結合の水素のアクセプターとなる酢酸アニオンの振動を誘起することで，結晶性セルロース鎖間へのイオンの拡散が促進し，可溶化が進むことが示された。近年ではDeep Eutectic Solventを用いたリグニンの抽出にも，マイクロ波の有効性が見出されている[11]。

6.7 まとめ

本項において，マイクロ波を用いたバイオマスの化学変換について，マイクロ波加熱の基礎，および，バイオマスへの応用事例を紹介した。マイクロ波は非接触でバイオマスを効率的かつ選択的に加熱することが可能である。このようなマイクロ波に特徴的な加熱機構を活かすことにより，高効率な化学反応プロセスを設計することができる。一方，これまでマイクロ波を用いた化学プロセスは，スケールアップが困難とされてきたが，近年では，大型の産業用プロセスへの展開も進みつつある。再生可能エネルギー時代の環境に調和したバイオマス変換プロセスとして，マイクロ波の利用が進むと期待される。

● 主な参考文献

1) D. M. P. Mingos *et al.* : "Tilden lecture: applications of microwave dielectric heating effects to synthetic problems in chemistry", *Chem. Soc. Rev.* **1**, 1-47 (1991)
2) E. Delikonstantis *et al.* : "Electrified chemical reactors for methane-to-ethylene conversion", *Curr. Opin. Chem. Eng.* **41**, 100927 (2023)
3) K. Okada *et al.* : "Dielectric relaxation of water and heavy water in the whole fluid phase", *J. Chem. Phys.* **110**(6), 3026 (1999)
4) Fan, J. *et al.* : "Direct microwave-assisted hydrothermal depolymerization of cellulose", *J. Am. Chem. Soc.*, **135**(32), 12728-12731 (2013)
5) C. Qu *et al.* : "Direct production of vanillin from wood particles by copper oxide-peroxide reaction promoted by electric and magnetic fields of microwaves", *ACS Sustain. Chem. Eng.* **5**(12), 11551-11557 (2017)
6) X. Qi *et al.* : "Catalytic dehydration of fructose into 5-hydroxymethylfurfural by ion-exchange resin in mixed-aqueous system by microwave heating", *Green Chem.* **10**(7), 799-80 (2008)
7) R. Luque : "Microwave-assisted pyrolysis of biomass feedstocks: the way forward?", *Energy Environ. Sci.* **5**(2), 5481-5488 (2012)
8) S. Tsubaki *et al.* : "Ultra-fast pyrolysis of lignocellulose using highly tuned microwaves: synergistic effect of a cylindrical cavity resonator and a frequency-auto-tracking solid-state microwave generator", *Green. Chem.* **22**(2), 342-351 (2020)
9) S. Zhu *et al.* : "Dissolution of cellulose with ionic liquids and its application: a mini-review", *Green Chem.* **8**(4), 325-327 (2006)
10) P. B. Sánchez *et al.* : "Kinetic analysis of microwave-enhanced cellulose dissolution in ionic solvents", *Phys. Chem. Chem. Phys.* **22**(3), 1003-1010 (2020)
11) K. Kohli *et al.* : "Effective delignification of lignocellulosic biomass by microwave assisted deep eutectic solvents", *Bioresour. Technol.* **303**, 122897 (2020)

第7節　その他

　前節までは，バイオマスおよびその主要構成成分の化学的分解法として，多様な手法がこれまでに提案されていることが理解されたであろう。しかしながら，それらの分解法のうち実際の工業プロセスに応用されているものは，本書執筆時点ではほとんど存在していない。一方，前節では紹介されていないものの，工業化されているバイオマスの化学変換プロセスが，現時点で少数ながら存在し，バイオマス由来化学製品の生産が実際に行われている。

　本節では，そのような工業化された変換プロセスに焦点を当てる。バイオマス変換法が工業プロセスとして成立するためには，目的物の収率などの変換効率と直接関連する事項が重要なことは明白であるが，そのほかにも多岐にわたる課題の解決が求められる。前節とは異なる視点からバイオマス変換を眺めることで，それに対してより深い理解が得られることを期待している。

7.1　キシラン由来ケミカルスの生産[1,3]

　キシランは広葉樹や草本の主要なヘミセルロースであり，地上に存在する多糖としてはセルロースに次ぐ存在量を有する。また，安定な結晶を形成するセルロースと比較して，キシランは，ほかのヘミセルロースと同様にその分解が容易である。また以下で述べるように，キシランの分解によって得られるフルフラールとキシリトール(xylitol)の有用性も相まって，これらの化合物の生産を目的としたキシランの化学的変換プロセスが工業化させている。

　フルフラールは，図6-23に示すように，フラン環の2位炭素にアルデヒド基が結合した構造を有する化合物である。フルフラールは，溶剤や樹脂原料などと利用され，全世界において年間数十万トンの規模で生産されている。現在生産されているフルフラールの半分以上は，水素化還元によるフルフリルアルコールの生産に用いられており，フルフリルアルコールはさらにフラン樹脂の原料として利用される。なお木材中でフルフリルアルコールを硬化させることで耐朽性や寸法安定性等に優れたフラン樹脂加工木材を生産する技術は，すでに商用化されている技術である。

　フルフラールの生産原料となるバイオマスは，主にトウモロコシの穂軸，

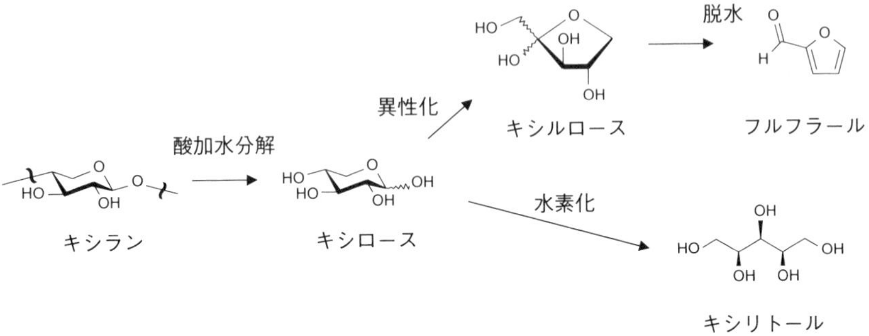

図6-23 キシランからのフルフラールとキシリトールの生成

コーンストーバー，バガスなどの農業廃棄物である。キシラン含有率が比較的大きいカンバ材なども原料となりうるものの，特定の場所から恒常的に発生する農業廃棄物を原料とすることは，工業化に際し著しく有利である。このように，原料の安定供給が，バイオマス変換プロセスの工業化では極めて重要な事項のひとつであることは強調されるべきであろう。なお，バイオマスからのフルフラール生産は，現在のところ唯一のフルフラールの工業的生産法である。

現在までに複数のフルフラール製造プロセスが構築されているが，図6-24に示すように原料バイオマスを酸性触媒存在下で高温の水蒸気により処理する点で，大部分のプロセスは本質的に同等である。酸触媒としては，原料中のキシランを選択的に分解するために，希酸(多くの場合希硫酸)が採用される。また，典型的なフルフラール製造プロセスは，反応容器内における酸触媒反応で生成したフルフラールが，水蒸気とともに反応系外に留去される仕組みになっている。ここでのフルフラールの収率は，バイオマス原料中におけるキシロースユニット数をベースとして約50%である。

化学反応という観点からフルフラール生成反応を見ると，本反応は，キシランの酸加水分解によってキシロースが生成する段階，キシロースの異性化でキシルロース(xylulose)が生成する段階，キシルロースの脱水により最終生成物が生成する段階に大別される(図6-23)。なお，キシルロースを経ずに脱水反応が進行する別の機構も提案されているが，その場合でもフルフラールの生成反応が多段階反応であることに変わりはない。図6-24のプロセスは，そのよ

うな多段階反応を1段階で行うように設計されている。また、反応媒体として水蒸気が使用されることで、生成物の単離、精製も反応プロセスに組み込まれている。目的物の高収率化という点では、各段階における条件を最適化し、多段階プロセスでフルフラール製造を行ったほうが良いように思われる。しかしながら、この工業プロセスでは、むしろ反応系の簡素化に労力が払われていることが理解されよう。

合理性が追及されたフルフラール生産プロセスであるが、いくつかの問題点も有している。例えば、水蒸気の製造に多くのエネルギーを要すること、反応残さの利用法が確立されていないこと、強酸性の廃液の処理にコストがかかること、脱水反応にお

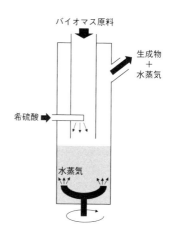

図6-24 バイオマスからのフルフラールの製造における反応装置の概要
本図はESCHER WYSS社(スイス)で採用されていたプロセスをベースに作成した。[45]

いて重合反応等の副反応が生じフルフラール収率が低下することなどが、課題として挙げられる。これらを解決するため、固体酸触媒の開発や反応系を二相系にするなどの、様々な学術研究が行われている。

一方、キシリトールはキシロースの1位アルデヒド基が還元された糖アルコール(sugar alcohol)であり(**図6-23**)、甘味料などとしての食品添加物や医薬品原料として利用される有用な化合物である。世界において年間約20万トンのキシリトールが、キシロースの還元により生産されている。

キシリトールの工業的生産は、1)バイオマス原料(ここでも農業廃棄物が主に利用される)中のキシランの酸加水分解によるキシロースの生産、2)グルコースやフルフラール等の副成物を除去することによるキシロースの精製、3)ニッケル-アルミナなどの金属触媒存在下での水素化によるキシロースの還元、4)生成したキシリトールの精製と結晶化という複雑な多段階工程を経て行われる。このことは、上記のフルフラールの生産が、キシリトールの生産と同様にキシランの酸加水分解という同じ初期反応を含むにもかかわらず(**図6-23**)、単純な1段階プ

ロセスであることと対照的である。

　キシリトールの生産が複雑である一因は，中間体であるキシロースや目的物のキシリトールが常温で固体であり，フルフラールの場合のような蒸留による精製法が採用できないことである。また，食品添加物としての利用に課せられた高い安全基準も，慎重で複雑なプロセス設計が必要とされる要因であろう。一方で，食品や医薬品原料としてのキシリトールの高い利用価値が，このような複雑なプロセスを現実的なものにしている点も理解されるべきである。

　このプロセスにおける課題のひとつは，合成中間体であるキシロースの精製が必須な点である。この精製が不十分である場合，グルコースなどの他の多糖に由来する副成物も，糖アルコールへと変換されてしまい，最終的なキシリトールの精製が困難になる。この問題を解決するため，キシラナーゼなどの酵素による高選択的なキシランの加水分解法が研究されている。また，水素化工程における金属触媒の失活も課題として挙げられ，この微生物を用いた生物学的プロセスによる代替法などが研究されている。

7.2　リグニンからの低分子芳香族化合物の生産[2]

　学術分野における諸研究で提案されているリグニンの低分子芳香族化合物への変換法のほとんどが実証レベルに至っていない中で，パルプ廃液(黒液)中に含まれるリグニン分解物から，バニリン(2-ヒドロキシ-3-メトキシベンズアルデヒド)を生産する手法が，1940年代より工業化されている。バニリンは，香料としての利用が有名であるが，現代化学工業では医薬品原料などとしても利用される有用な化合物である。

　バニリンの生産は，針葉樹のサルファイトパルプ化において発生する黒液中に含まれるリグニン分解物(リグニンスルホン酸，lignosulfonates)を，アルカリ水溶液中で空気酸化することで達成される。本反応では，触媒として酸化銅(II)が用いられ，リグニンスルホン酸が加圧空気下，170℃程度の反応温度で酸化分解されることでバニリンが生成する。生成したバニリンは，反応液の酸性化，トルエンなどの有機溶媒による抽出を経て，結晶化により精製される。

　本法は，1980年代までは世界における主要なバニリン生産法であった。その後，化石資源由来のフェノールからグアイアコールを経てバニリンを合成する手法が開発され，現在のバニリン生産の大部分がこの化石資源ベースの方法

で行われている。リグニンに由来するバニリンの世界における現在の年間生産量は約3千トンであり，これは全バニリン生産量の10％程度を占めるに過ぎない。

本法における課題としては，過酷な反応条件が必要であること，バニリン収率が低く（通常10％以下）目的物の精製過程が煩雑になること，スルホン酸基に由来する硫黄含有廃液の処理が困難であることなどが挙げられる。特に，廃液処理の問題は大きく，廃液に含まれる硫黄成分を回収し，それをパルプ蒸解における薬剤に再生するなどの様々な試みがなされていた。その他の問題としては，サルファイト法そのものの衰退が挙げられる。本法はそもそも，黒液からの薬剤回収が困難であるサルファイト法における，廃液対策の一環として開発された。現在のパルプ化法の主流であるクラフト法では，廃液からの薬剤回収法やエネルギー回収法などの廃液処理法が確立されているため，パルプ廃液を煩雑なリグニン生産に利用する意義が，採算面で薄れているのが現状である。

石油由来のバニリン生産に効率面で押されているリグニンからのバニリン生産であるが，工業化されたリグニンの化学変換法として，その存在意義は大きい。バイオマス資源の有効利用が叫ばれる昨今の時流を受けて，より高効率の触媒開発やプロセス改良の足掛かりとなるバニリン生成機構の解明などの，学術面における研究が盛んに行われている。

● 主な参考文献

1) C. M. Cai *et al.* : "Integrated furfural production as a renewable fuel and chemical platform from lignocellulosic biomass", *J. Chem. Technol. Biotechnol.* **89**, 2-10 (2014)
2) M. Fache. *et al.* : "Vanillin production from lignin and its use as a renewable chemical". *ACS Sus. Chem. Eng.*, **4**, 35-46 (2016)
3) V. Jain, S. Ghosh : "Biotransformation of lignocellulosic biomass to xylitol: an overview". *Biomass Convers. Biorefin.* **13**, 9643-9661 (2023)
4) K. J. Zeitsch, : "Chap. 10. Furfural processes" in *"The Chemistry and Technology of Furfural and Its many By-Products* (Suger Series 13)", Elsevier, 36-74 (2000)

第7章 生物化学的変換

第1節 酵素糖化と前処理

1.1 木質バイオマスの糖化

　グルコース(glucose)やキシロース(xylose)などの単糖は，アルコールや有機酸製造のための発酵原料や，様々な化成品を製造するための化学工業原料として利用できる。そのためこれらの単糖は，バイオリファイナリーにおける重要な基幹物質と位置づけられている。

　木質バイオマスを糖源とする場合，木化細胞壁中のセルロースとヘミセルロースを加水分解(糖化)し，単糖を回収する技術が必要となる。木質バイオマスの糖化法には，主に酸加水分解(第6章第1節)と酵素加水分解の2種類がある。酸糖化法は古くから検討されてきた技術であるが，過分解による糖収率の低下や，酸による装置の腐食，酸触媒の回収・再利用などの課題がある。一方，セルラーゼによる酵素糖化(enzymatic saccharification)法は比較的穏やかな条件下での反応が可能で，選択性が高く副反応がほぼ起こらない，環境影響が低いなどの利点がある。また，酵素糖化反応と発酵反応を並行して進める並行複発酵が適用できることも特徴である。近年は，特に生物化学的変換において，酵素糖化法を主軸とした技術開発が行われている。ただし酵素糖化法では，酸分子よりも非常に大きな体積を有する酵素の木化細胞壁内部への浸透性が低いため，多糖との接触効率を向上させるための前処理が不可欠である。本節では，木質バイオマスの前処理を中心に概説する。

1.2 前処理の概要

　木化細胞壁内では，セルロース微繊維がマトリックス物質であるヘミセル

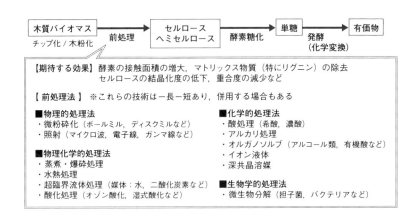

図7-1 木質バイオマスの酵素糖化プロセスと前処理法

ロースとリグニンに包埋され，これらが共有・非共有結合を介して複合体化している[1]。糖化酵素と多糖との接触を増やすためには，リグニンやヘミセルロースの除去，セルロースの結晶化度の低下や重合度の減少などに効果のある前処理が必要である。これまで図7-1に示す様々な前処理法が検討されてきたが，手法によってそれぞれ効果は異なる[2]。細胞壁の構造や組成は植物種ごとに異なるため，バイオマスの種類に応じて適した前処理法を開発する必要がある。特に木質化した固い木化細胞壁を有する木質バイオマスの場合，草本バイオマスで用いられる前処理法では必ずしも効果が得られない。前処理ではセルロースを被覆するリグニンの除去が最も重要であり，リグニン含量の多い木質ではより厳しい処理条件が要求される。

木質バイオマスの利用において，前処理にかかる費用は非常に大きく，全体のコストを押し上げる要因となっている。経済性を向上させるためには，各種プロセスの改良や酵素生産性の向上によるコスト削減はもちろん，木質バイオマスの成分を余すことなく付加価値製品として利用することが重要である。前処理で芳香族系高分子であるリグニンを効率よく分離し，付加価値のある物質へと変換し利用できれば，木質バイオマスの利用促進の一助となる。

理想とする前処理法の特徴としては，大量の原料を処理できること，すべての成分を効率的に分離・利用できること，酵素糖化効率の大幅な向上が可能な

こと，発酵阻害物質の生成が少ないことが挙げられる。また環境影響や経済性を考慮すると，処理条件が比較的温和なこと，化学薬品の使用量が少ないこと，エネルギー需要が少ないこと，設備投資が少ないことも重要視される。今後はライフサイクルアセスメント（LCA）の観点からも，より一層環境に配慮した前処理技術の開発が求められる。それぞれの前処理法には一長一短があり，単独の処理では効果が限られることから，2つ以上の前処理法を組み合わせた技術開発も検討されている。

次項に，主な前処理として物理的処理法と化学的処理法の特徴を概説する。生物学的な前処理法については，本章第5節に詳述されている。各種処理の詳細な条件などは，論文[2]や成書[3]を参考にされたい。

1.3 物理的前処理（physical pretreatment）法

代表的な方法として，ボールミルやディスクミルなどの物理的な力による木化細胞壁の微粉砕化がある。木化細胞壁の表面積と細孔径を増大させ，セルロースの結晶性を低下させることで，酵素のセルロースへの接触効率を向上させることが可能である。この手法は化学薬品を必要とせず，発酵阻害物質の生成がなく，低環境負荷で安全性が高いことが特徴で，得られた糖類は食品産業でも比較的利用しやすい。一方で，単独の物理的前処理ではリグニンの除去が困難であり効果が限定的なこと，エネルギー消費量が大きいことなどから経済性に課題があるとされる。ほかの手法としては，マイクロ波や電子線などの照射による前処理も検討されている。これは，照射単独ではなくほかの化学処理と組み合わせて使うことで，相乗効果による糖化効率の向上とプロセスの改善を目指すものが多い。

微粉砕化の際，多糖が絡まりあい粒子が凝集し，微粉化を阻害することがある。これを解決するために，大塚，敷中らは，スギなどの木粉と糖化酵素を混合して湿式ビーズミリングによる粉砕と同時に酵素糖化を行う，SESC（simultaneous enzymatic saccharification and comminution：同時酵素糖化粉砕）法を開発した[4]。これにより，ミリング処理で露出した多糖類を即時分解でき，糖液とリグニンの高効率な分離・回収が可能となる。また，得られるリグニン残渣（SESCリグニン）は変性が少なく，機能性材料としての利用が期待されている[4]。

1.4 化学的前処理(chemical pretreatment)法

(1) 酸処理(acid treatment)

0.5～10％以下の希酸水溶液を用いる希酸前処理は，100～200℃程度の処理で，主にヘミセルロースが加水分解し除去されるため，酵素のセルロースへの接触効率が向上する技術である。薬品コストが低く商業規模での処理が可能だが，糖の過分解やリグニンの部分分解によりフラン類や有機酸，フェノール類などの発酵阻害物質が生成すること，酸処理中にリグニンが縮合反応などによる変質を受けること，糖の回収率の低下，耐腐食性の耐圧設備が必要で設備費用が高いことなどの課題がある。

また，高濃度のリン酸や硫酸を用いて処理することで，セルロースの膨潤・非晶化と，マトリックス物質の除去を行うことができる。酸加水分解法の初段の工程とほぼ同じ手法だが，高濃度の酸を多量に使用するため前述のように実用化には多数の課題があり，酵素糖化の前処理法としては用いられない。

(2) アルカリ処理(alkaline treatment)

アルカリ処理は木材のパルプ化のために古くから研究されてきた技術であり，リグニンの分解と可溶化による木化細胞壁の効率的な脱リグニンが可能である。水酸化ナトリウム水溶液を用いるソーダ法や，アントラキノンなどの蒸解助剤を添加した改良法など様々な手法があるが，100～170℃で処理でき，酸処理ほど糖収率の低下が起こらず高効率な成分分離ができる点が特徴である。

近年はSAF(sustainable aviation fuel: 持続可能な航空燃料)の国内製造のために，クラフト蒸解で得た木質パルプをバイオエタノール生産の原料に用いる計画を，複数の製紙会社が打ち出した。クラフト蒸解は，製紙用パルプの主たる製造法である[4]。黒液の燃料利用や薬剤の回収・再生などの低コスト・低環境負荷に関する技術は確立されており，また，蒸解窯など既設の設備が活用できれば設備投資費が抑えられる。高純度の木質パルプ(多糖類)を高効率に得られる"前処理"の技術が，商業規模で確立されている意義は大きい。

(3) オルガノソルブ(organosolv)

アルコール類やグリコール類，有機酸などの有機溶媒を用いて120～160℃で処理する手法であり，加溶媒分解法とも呼ばれる。少量の触媒を添加することでリグニンの効率的な分解と可溶化ができ，前処理としてだけでなく，木材

のパルプ化や成分分離法としても着目されてきた技術である。分子内にヒドロキシ基を持つ有機溶媒と少量の酸触媒で処理した場合，脱リグニンと共に，リグニンの側鎖α位に溶媒が結合したリグニン誘導体が生成する。溶媒の種類によっては熱流動性を有するリグニン誘導体の生成も可能であり[4]，リグニンの高付加価値利用が期待できる。有機溶媒の回収と再利用性が実用化の課題となっている。

(4) イオン液体，深共晶溶媒処理

いずれも近年開発された新しい溶媒であり，従来の有機溶媒に比べて環境負荷が低いとされる。選択する溶媒の種類によって，各種成分への反応性は大きく異なる。イオン液体は一般に有毒とされるが，深共晶溶媒は無毒で生分解性を有する。溶媒費用が高く，溶媒のリサイクル性が最大の課題である。

1.5 酵素糖化

木質バイオマスの酵素糖化には，様々な結晶構造をとるセルロースの多様な高次構造と，キシロースやマンノース，グルコースなどの様々な単糖からなるヘミセルロースの構造多様性にそれぞれ適応した，種々の分解酵素（セルラーゼ，ヘミセルラーゼ）が関与する[5]。選択する前処理の種類によって必要な酵素の特性も異なるため，酵素糖化プロセスでは酵素組成の最適化が必要となる。例えばセルラーゼ(cellulase)は，長い鎖状の基質をランダムに切断するエンド型酵素(EG：エンドグルカナーゼ)と，端から順に分解するエキソ型酵素(CBH：セロビオヒドロラーゼ)，これらの酵素で生成したセロビオースやセロオリゴ糖を分解するβ-グルコシダーゼの3種類に大別される。非晶性セルロースはエンド型酵素で分解され，結晶性セルロースはエキソ型酵素で分解される場合が多いため，木質バイオマスの酵素糖化では特にエキソ型酵素であるCBHが重要となる[5]。これら糖化酵素の特徴や分解メカニズムについては，教科書[5]にまとめられているのでそちらを参照されたい。

木質バイオマスの酵素糖化においては，前処理の費用に加え，触媒となる酵素の生産にかかる費用も大きな課題となる。そこで，酵素生産能力の高さやヘミセルラーゼ類も含めた生産性の高さを有するセルラーゼ生産菌を求め，*Trichoderma reesei*などの糸状菌や，担子菌，細菌に関する研究も多数行われている。続く発酵などのプロセスも考慮した，総合的な技術開発が求められる。

● **主な参考文献**

1) 西谷和彦, 梅澤俊明編:"植物細胞壁", 講談社, 113-133, 163-170 (2013)
2) J. Dharmaraja *et al.*:"Lignocellulosic biomass conversion via greener pretreatment methods towards biorefinery applications", *Bioresour. Technol.*, **369**, 128328 (2023)
3) 公益社団法人化学工学会, 一般社団法人日本エネルギー学会編:"バイオマスプロセスハンドブック", オーム社, (2012)
4) 梅澤俊明監修:"リグニン利活用のための最新技術動向", CMC出版 (2020)
5) 日本木材学会編:"木材学――応用編――", 海青社, 162-167 (2023)

第2節　エタノール発酵

2.1　木質バイオマスを原料としたエタノール発酵の意義

産業革命以降, 化石資源の活用は人類に膨大なエネルギー源と化学製品の原料を与え, 社会基盤の発展に大きく貢献してきた。しかしながら, 化石資源の消費は大気中の二酸化炭素濃度を純増することにつながり, これが地球温暖化の主因として大きな社会問題となっている。そのため大気中の温室効果ガスを増加しない再生可能なバイオマス資源の活用に注目が集まっている。その中でもバイオマスから得られる糖類をエタノール発酵(ethanol fermentation)することによって製造されるバイオエタノール燃料は, 既存の内燃機関に適合可能で, 直接的に化石燃料への依存を減らすことができることから, 現在までに様々な取り組みが行われている。本節では木材などのリグノセルロース系原料から得られる糖(グルコースやキシロースなど)を対象としたエタノール発酵について述べる。

2.2　第一世代バイオエタノール生産と第二世代バイオエタノール生産

バイオマスから燃料としてのバイオエタノール製造は, まず初めに食用作物(小麦, トウモロコシ, ジャガイモ, ビート, サトウキビなど)が原料として用いられてきた。このような食用作物の澱粉やショ糖から燃料としてのエタノールを製造するプロセスは第一世代バイオエタノール生産といわれる。しかし, 世

界的な人口増加と耕作地面積の減少に伴い，食用作物からの燃料生産に対する懸念は高まっている。このような状況から，非食用原料であるリグノセルロース系バイオマスからバイオエタノールを製造する技術が開発され，これは第二世代バイオエタノール生産といわれている。リグノセルロース系バイオマスの主要成分はセルロース，ヘミセルロース，リグニンであり，このうちのセルロース，ヘミセルロースは糖成分で構成される繊維であるため，エタノール生産の原料となる。しかしこれら3つの主要成分は互いに共有結合や水素結合でつながって，難溶性で強固な細胞壁構造を形成している。そのため，セルロース，ヘミセルロースの加水分解(糖化)を可能にするためには，細胞壁構造を破壊する前処理プロセスが必要となる(前節参照)。主な前処理プロセスは物理学的処理(粉砕，熱処理，超音波処理など)，化学的処理(酸・アルカリ処理，有機溶媒処理など)がある。第二世代バイオエタノール生産は，第一世代と比較して非食用原料を利用できるという利点があるものの，前処理プロセスなどでより高度な技術と設備が必要となるためコスト高になり，製造効率も低いことが多い。

2.3 エタノール発酵に用いられる微生物

糖類からバイオエタノールの製造は微生物を用いたエタノール発酵によってのみ製造することができる。エタノール発酵に利用される主な微生物は，酵母(yeast)と呼ばれるエタノール発酵する真核微生物(*Saccharomyces*属，*Schizosaccharomyces*属，*Kluyverommyces*属，*Pichia*属，*Pachysolen*属など)と，細菌に分類される微生物(*Zymomonas*属，*Clostridium*属など)に分けられる。また微生物種によって発酵可能な糖の種類や，発酵条件，エタノール耐性が異なる。この中で*Saccharomyces cerevisiae*は，取り扱いやすくエタノール耐性もそのほかの微生物と比較して非常に高い。高濃度のエタノールを製造できることは，使用する水を削減することができ，その後の蒸留・脱水プロセスの効率を高めることができることから，酒造や工業的なエタノール製造の現場ではほとんどの場合において*Saccharomyces cerevisiae*が利用される。

2.4 エタノール発酵の代謝経路

セルロースの糖化によって得られるグルコースからエタノールへの代謝経路は以下のようになっている。まずグルコースは解糖系によってフルクトー

ス1,6-二リン酸に変換されたのち，2分子のグリセルアルデヒド3-リン酸となる。グリセルアルデヒド3-リン酸はホスホエノールピルビン酸を経由してピルビン酸へと変換される。真核微生物(酵母)の場合，ピルビン酸はアセトアルデヒドを経由してエタノールへと変換される。細菌の場合はピルビン酸からアセチル-CoAを経由してエタノールへと変換される。この代謝経路によってグルコース(分子量180)1分子からエタノール(分子量46)が2分子と二酸化炭素(分子量44)が2分子生成する。100gのグルコースをエタノール発酵した場合には約51gのエタノールと49gの二酸化炭素に変換されるため，原料のグルコース重量に対して得られるエタノール重量は約半分となる。

ヘミセルロースの糖化によって得られるキシロースは，一部の微生物でエタノール発酵が可能である。キシロースのエタノール代謝経路は以下のようになっている。真核微生物(酵母)ではまずキシロースがキシロースイソメラーゼによってキシルロースに変換される。細菌ではキシロースはキシロースレダクターゼによってキシリトールとなり，キシリトールデヒドロゲナーゼによってキシルロースに変換される。キシルロースはキシルロース5-リン酸となったのちにペントースリン酸回路によってグリセルアルデヒド3-リン酸に変換される。グリセルアルデヒド3-リン酸以降はグルコースのエタノール発酵代謝経路と同じである。キシロースからエタノールを生成する微生物はエタノール耐性が低いものが多く，エタノール耐性の高い*S. cerevisiae*にキシロースイソメラーゼなどの遺伝子を導入してキシロース発酵能を付与することも試みられているが，グルコースほどの生産効率を達成することは難しく，キシロースを原料としたエタノールの工業的な生産はほとんど行われていない。

2.5 バイオエタノールの製造プロセス

バイオマスを原料にエタノール発酵するプロセスは大きく2つのプロセスに分けられる。ひとつは澱粉やセルロース，ヘミセルロースなどの原料を，酵素で発酵可能な糖に加水分解するプロセス，もうひとつは発酵可能な糖を微生物によってエタノール発酵するプロセスである。これら2つのプロセスの組み合わせ方によって以下の3つの発酵方法が提案されている。

(1) Separate hydrolysis and fermentation(分離加水分解発酵法：SHF)

SHFは主に第一世代バイオエタノール生産で採用されている方式であり，

原料の糖化とエタノール発酵を別々のリアクターで行うプロセスである。pHや温度などの条件をプロセスごとに最適条件で設定することができる。しかし，糖化プロセスでは遊離した糖の蓄積によって酵素の阻害効果が増大する場合がある。この方法はリアクターが少なくとも2つ必要であるが，糖化が容易で高濃度に原料を仕込むことができる第一世代バイオエタノール生産では有効である。

(2) Simultaneous Saccharification and Fermentation(同時糖化発酵法：SSF)

SSFは酵素による加水分解とエタノール発酵をひとつのリアクターで行うもので，コンタミネーションのリスクが低く，酵素分解によって遊離した糖が逐次酵母によって発酵されるため，糖の蓄積による酵素の阻害効果を抑えることができるなどの利点がある。そのため，第二世代バイオエタノール生産ではSSFを採用することが多い。しかし，酵素による加水分解反応の最適温度は発酵の最適温度よりも高く，両方に最適な温度設定が難しいという問題がある。例えば，セルロースを加水分解するセルラーゼの最適温度は50〜55℃であり，この温度では一般的にエタノール製造で用いられる*S. cerevisiae*は生育することができない。逆に酵素反応を酵母の最適生育温度で行うと，酵素活性が大幅に低下しエタノールの製造効率低下を引き起こす。そのためSSFでは酵素加水分解と発酵の両方に適合する温度条件を設定することが重要である。SSFはSHFと比べ，糖の蓄積による酵素の阻害効果が抑えられるため，酵素の添加量を低く抑えることができるという利点もある。しかしながらリグノセルロース系原料で使用するセルラーゼ酵素はそれでも高価なため，酵素を購入しないで現場でセルラーゼ酵素を生産するオンサイト生産も検討され，経済的に有利であることが示されている[1]。それでもなおSSFによる第二世代バイオエタノール生産の工業化には，セルロースとヘミセルロースをより高効率に糖化する加水分解酵素の開発や，加水分解によって遊離する五炭糖，六炭糖の両方を高効率にエタノール発酵できる菌株のさらなる開発が必要であるとされている[1]。

(3) Consolidated Bio-Processing(統合バイオプロセッシング法：CBP)

SSFによるリグノセルロース系原料からバイオエタノールを製造するプロセスの最大のコストは酵素生産にある[2]。この課題を解決する方法として，糖化酵

素を生産する微生物と糖をエタノール発酵する微生物をひとつのリアクターで培養し，酵素生産とエタノール発酵を一度に行う「統合バイオプロセシング(CBP)」が提唱され，近年勢力的に研究開発が進められている[2]。CBPには大きく分けて以下に示す3つの方針がある。(1)単一の糖化酵素生産菌と単一のエタノール発酵菌の組み合わせ，(2)リグノセルロース原料を糖化しエタノール発酵可能な微生物コンソーシアムの利用，(3)代謝工学技術によって糖化酵素生産とエタノール発酵が可能な単一の工業用微生物の開発。上記の3つの方針に基づいて様々な組み合わせのCBPプロセスが報告されているものの，バイオエタノール製造効率はいまだ低いままであり，実現可能な工業プロセス構築には多くの課題を抱えている。しかしながら，地球温暖化を含む環境問題への懸念や，代謝工学技術の進歩はCBP開発を強力に後押ししており，何らかのブレークスルーによって劇的に開発が進むことも期待されている[2]。

2.6 木材から飲用を目的としたエタノール生産の試み

近年，カラーインクの製造現場で用いられるビーズミル装置を応用して，木粉に水を加えて水中で細胞壁の厚さ以下の1μm未満にまで高効率に微粉砕する湿式ミリング処理(wet-type milling)技術が開発された[3]。湿式ミリング処理は細胞壁に埋め込まれたセルロースを高効率に露出することが可能で，処理後の木材スラリーにセルラーゼ酵素を添加することで成分分離なしに露出したセルロースを直接グルコースに加水分解でき，そこに酵母を添加すれば遊離したグルコースをエタノール発酵できる。湿式ミリング処理は装置が高価で動力コストがかかるため，安価なバイオエタノール燃料生産への適用は難しい。しかし，この技術を応用すれば，木材に天然水と食品添加物のセルラーゼ酵素，醸造用の酵母の添加で，木材そのものを成分分離なしに糖化してエタノール発酵できることから，木材そのものの風味を生かした高付加価値な飲用のエタノール製造が可能になる[3]。これまでに木そのものを発酵した飲用のアルコールは製造されたことがなく，歴史上初めての「木の酒」の製造技術として注目されている。

● 主な参考文献

1) A. E. K. Afedzi, P. Parakulsuksatid : "Recent advances in process modifications of simultaneous saccharification and fermentation (SSF) of

lignocellulosic biomass for bioethanol production", *Biocatal. Agric. Biotechnol.*, **54**, 102961 (2023)
2) R. R. Singhania *et al.*: "Consolidated bioprocessing of lignocellulosic biomass: Technological advances and challenges", *Bioresour. Technol.*, **354**, 127153 (2022)
3) Y. Otsuka *et al.*: "Production of flavorful alcohols from woods and possible applications for wood brews and liquors", *RSC Adv.*, **10** (65), 39753-39762 (2020)

第3節　メタン発酵

3.1 メタン生成菌

　メタン(methane, CH_4)は，自然界に広く存在する無色無臭の可燃性のガスである。メタンは重要な温室効果ガスである一方で，エネルギー担体，燃料，発電，または合成に用いる基礎化学物質などとして使用可能であり，将来的な化石燃料の代替候補物質として期待されている。

　自然界におけるメタンの発生源は，湖沼や水田などの淡水堆積物，海洋堆積物，牛などの腸内，化石燃料の採掘・燃焼などであり，特に淡水/海洋堆積物，動物消化管からのメタンの発生には，メタン生成菌(methanogens)と呼ばれる微生物群が関与している。メタン生成菌は古細菌(archaea, アーキア)であり，自然界の様々な嫌気性環境に分布し二酸化炭素，酢酸，ギ酸，メタノール等の多様な炭素源をメタンへと変換することで，嫌気性環境における有機物分解の最終段階を担っていると考えられている。メタン生成の主要経路は，水素栄養型(hydrogenotrophic)，酢酸分解型(aceticlastic)およびメチル栄養型(methylotrophic)の3つがあり，各経路は中心部分を共有しながらも生理的・生化学的側面で違いがある。水素栄養型メタン生成は，ほとんどのメタン生成菌が保持している経路であり，水素を還元剤とし二酸化炭素を還元しメタンを生成する事ができる(1)。ギ酸やエタノール等を水素の代わりに利用し，二酸化炭素を還元しメタンを産生する場合もある。[1)]

$$CO_2 + 4H_2 \rightarrow CH_4 + 2H_2O \tag{1}$$
$$2CH_3CH_2OH + CO_2 \rightarrow CH_4 + 2CH_3COOH \tag{2}$$

酢酸分解型メタン生成では，酢酸がいわゆる酢酸分解経路で代謝され，メタンと二酸化炭素を生成する(3)[2]。

$$CH_3COOH \rightarrow CH_4 + CO_2 \tag{3}$$

メチル栄養性メタン生成では，メチル基を持つ低分子化合物(例えば，メタノール，メチル化アミン，メチル化硫化物など)を脱メチル化する。例えば，メタノールからメタンと二酸化炭素を生成するメチル不均化経路(4)と，メタノールを水素で還元しメタンを生成するメタン還元経路(5)がある[3]。

$$4CH_3OH \rightarrow 3CH_4 + CO_2 + 2H_2O \tag{4}$$
$$CH_3OH + H_2 \rightarrow CH_4 + H_2O \tag{5}$$

どのメタン生成経路が優勢であるかは環境によって異なり，酢酸分解が優勢な嫌気環境では酢酸分解経路によりメタン生成を行うメタン菌が，海洋堆積物などではメチル栄養性メタン生成を優勢である可能性がある[3]。

3.2 嫌気性消化

嫌気性消化(anaerobic digestion：AD)は嫌気性条件下で多数の嫌気性微生物が関わり，有機物を最終的にメタンと二酸化炭素にまで分解(メタン発酵)する相乗的プロセスである。ADは，加水分解(hydrolysis)，酸生成(acidogenesis)，酢酸生成(acetogenesis)およびメタン生成(methanogenesis)といわれる4つの基本的プロセスが含まれる。加水分解では，多くの微生物が直接利用できない複雑な有機高分子(多糖，タンパク質，脂質等)が様々な微生物の細胞外酵素によって可溶性の有機物に加水分解される。酸生成では，酸生成細菌により可溶性有機物が揮発性短鎖脂肪酸(プロピオン酸や酪酸，乳酸など)や，ケトンやアルコールなどの中間体に代謝される。酢酸生成では加水分解や酸生成で生じた中間体を，酢酸，二酸化炭素／ギ酸および水素へと代謝する。最終的に，酢酸やギ酸，

二酸化炭素が水素と共にメタン生成菌によってメタンへと変換される。
　ADによるメタン発酵基質には，植物バイオマスをはじめとして食品廃棄物や廃水スラッジなど様々な有機物を使用することが出来る。どの場合でも，加水分解がADにおける律速段階と考えられており，基質を物理的，熱化学的，生物学的前処理することにより加水分解効率が改善されメタン収量が向上する。

3.3　メタン発酵とリグノセルロース系バイオマス

　リグノセルロース系(LC)バイオマスはその存在量から最も重要な再生可能資源であり，メタン等バイオガスの主要な原料候補として考えられている。しかし，はセルロース，ヘミセルロース，リグニンの3つの主要な高分子から構成された複雑な構造を持ち，生物的分解に対する高い耐性を保持しているため，セルラーゼによる加水分解に対する抵抗性を持つ。LC材料からのメタン発酵には，主に多糖類の加水分解によって生じる単糖類から生成される発酵産物が重要である。しかし，バイオマス中のセルロースの難分解性にはセルロースの結晶化度，酵素がアクセス可能な表面積，ヘミセルロースやリグニンによるセルロースの被覆，材料中のリグニン含有率などの様々な要因が寄与している。同時に各種LC材料の構造と成分組成のばらつきがLCバイオマスの複雑さを反映しており，材料間で消化性が異なる原因となる。効果的な前処理によって難分解性の障壁を破ることができれば，加水分解酵素が材料中に浸透し加水分解効率を改善することが可能となる。

3.4　メタン生産の最適化

　LC材料の難分解性を低下させ，生物学的利用性を高める前処理技術は様々に研究されている。前処理法として物理的，化学的，熱的および生物学的方法などがあるが，具体的な内容については本章第1節および第5節を参照されたい。前処理方法の有効性は原料の組成に依存することが知られており，最適な前処理方法を決定することは容易ではない。それでも尚，LC材料の前処理はAD効率を向上させるために不可欠である。前処理では，炭水化物の劣化を抑えながら，多糖の酵素反応性を改善すると同時に阻害物質の発生を抑える事が重要である。実用性を考えた場合には，エネルギー収支や経済性，環境への影響を考慮する必要がある。それぞれの前処理法に，加水分解・メタン収量向上効果，運用・エネルギーコスト，阻害物質生成などにおいて利点・欠点がある。[4]

各種前処理技術を組み合わせることで，メタン収量を改善し，全体のコストを抑える事が可能になるため，様々な研究で組合せ効果の検証がなされている。

　メタン発酵では，ADで行われる微生物バイオプロセス全体を制御することも重要なアプローチとなる。ADに関わる微生物群集構造は複雑であるため，ADプロセス全体を理解し，制御することは非常に難しい。AD速度と安定性を促進するために，播種菌叢やバイオマス原料の特性を踏まえたプロセスを構築する必要がある。異なる原料を併用した共消化，播種細菌の追加，微量栄養素の添加や阻害物質吸着剤の使用などによってC/N比，pH，酸化還元電位などを最適化し，ADプロセス全体を安定化させる試みは数多く行われている[4]。近年では，微生物群集の詳細を解析する新しい分子技術やメタオミクスアプローチが開発されており[5]，微生物群集の潜在的能力の理解・予測が進めば，将来的には望む生成物に応じた人為的なADプロセス制御が可能になると期待される。

● 主な参考文献

1) J. M. Kurth *et al.*："Several ways one goal-methanogenesis from unconventional substrate", *Appl. Microbiol. Biotechnol.*, **104**, 6839-6854（2020）
2) C. Welte *et al.*："Experimental evidence of an acetate transporter protein and characterization of acetate activation in aceticlastic methanogenesis of *Methanosarcina mazei*", *FEMS Microbiol. Lett.*, **359**, 147-153（2014）
3) C. P. B. de Mesquita *et al.*："Methyl-based methanogenesis: an ecological and genomic review", *Microbiol. Mol. Biol. Rev.*, **87**, e00024-22（2023）
4) O. A. Aworanti *et al.*："Enhancing and upgrading biogas and biomethane production in anaerobic digestion: a comprehensive review", *Front. Energy Res.*, **11**, 1170133（2023）
5) S. Harirchi *et al.*："Microbiological insights into anaerobic digestion for biogas, hydrogen or volatile fatty acids（VFAs): a review", *Bioengineered*, **13**, 6521-6557（2022）

第4節　各種発酵

4.1　微生物による発酵

　発酵とは微生物が有機物を分解してエネルギーを得る過程で，様々な化学反応を引き起こし，その結果として物質が変化するプロセスであり，一般には嫌気条件下で起こる反応を指すことが多い。食品や醸造など身近なところで活用されている発酵であるが，主役となる微生物は多種多様であり生成物も多岐にわたる。前節までで述べたエタノール発酵とメタン発酵は，すでにリグノセルロースバイオマス変換に向けた研究が進み実用化レベルにある。一方でエタノールやメタンよりも高付加価値の物質を発酵により生成する技術開発も進んでいる。近年では石油代替燃料の生産以外にも，プラスチックなどの化成品をバイオマスから製造する需要が高まり，多様な原料の発酵生産が提案されている。

　本項では，エタノール発酵およびメタン発酵以外の代表的な発酵として，乳酸発酵，水素発酵，およびアセトン-ブタノール-エタノール発酵(acetone-butanol-ethanol fermentation: ABE発酵)を概説する。これらの発酵は全て嫌気的に行われており，本来は微生物が嫌気下において生存していくために必要な生理的反応の一部である。

4.2　乳酸発酵

　乳酸発酵(lactic acid fermentation)は古くから人間生活で利用されており，食品の保存や風味付け，健康促進など私たちの生活で重要な役割を果たしている。乳酸は光学異性体であるL-乳酸とD-乳酸が存在し，ラセミ体であるDL-乳酸を含めてそれぞれを重縮合することで，ポリ乳酸を合成することが出来る。ポリ乳酸は生分解性プラスチックであり，使用後は再び原料に戻すか自然に還すことができるため，バイオエコノミーの観点からも注目されている。乳酸発酵は糖類(主にグルコース)が乳酸菌(*Lactobacillus*属，*Streptococcus*属，*Leuconostoc*属等)によって分解される過程で乳酸が生成する嫌気的な発酵プロセスである。細菌類以外にも，糸状菌の一種である*Rhizopus oryzae*が乳酸を生成することが知られており，五炭糖であるキシロースからもL-乳酸を選択的に生成する。

乳酸発酵の化学反応は以下の通りである。

$$C_6H_{12}O_6 + 2ADP + 2H_3PO_4 + 2NAD^+$$
$$\rightarrow 2CH_3COCOOH + 2ATP + 2NADH + 2H_2O + 2H^+ \quad (1)$$
$$CH_3COCOOH + NADH \rightarrow CH_3CH(OH)COOH(乳酸) + NAD^+ \quad (2)$$

グルコースからピルビン酸を生成する解糖系はエタノール発酵と同じである(1)。1モルのピルビン酸は，乳酸デヒドロゲナーゼによって還元され，1モルの乳酸へと変化する(2)。同じくピルビン酸を経由してグルコースから生成するエタノールと比較すると，二酸化炭素を生成しない点で炭素収率としては有利である。

乳酸発酵を行う乳酸菌はグルコース等の単糖を原料とできるが，木質バイオマスを原料に直接発酵することができない。したがって，前処理および糖化を行った後に乳酸発酵を行う必要がある。物理化学的前処理および加水分解酵素による糖化を行ったバイオマスから乳酸を製造した研究例がTarraranらによってまとめられており，代表的な例を**表7-1**に抜粋した[1]。多くの場合，酸もしくはアルカリで前処理したバイオマスにセルラーゼを作用させて加水分解し，乳酸菌を用いた発酵が行われている。一部の研究では，エタノール製造時にも使用される同時糖化発酵(SSF: simultaneous saccharification and fermentation)が行われている(第2節参照)。一方でShahabらは，セルロース分解性糸状菌*Trichoderma reesei*と乳酸発酵菌*Lactobacillus pentosus*の微生物コンソーシアムを開発し，ブナ材からの乳酸産生に成功している[2]。*Lb. pentosus*はセルラーゼの阻害効果を持つセロビオースを効率的に消費するため，*T. reesei*のセルラーゼ活性が阻害されない。一方，*Lb. pentosus*による糖発酵の副産物である酢酸は，*T. reesei*の炭素源となる。この様に本微生物コンソーシアムは両微生物の欠点をお互いに解決しながら乳酸産生を行う。前処理ブナ材から19.8 g/Lの乳酸産生が報告されたが，これは理論上の最大収率の85.2%に相当する。

エタノール発酵と乳酸発酵の代謝経路は，解糖系で生成するピルビン酸を起点に分岐する。乳酸を生成する微生物を生み出すために，遺伝子組換えの技術によりピルビン酸からエタノールへの代謝経路の初発であるピルビン酸デカル

表7-1 リグノセルロースの前処理と糖化, 乳酸発酵の例(抜粋)[1]

バイオマス	前処理	酵素処理	乳酸発酵に用いた微生物	発酵方法*	乳酸生成量(g/L)
大麦ふすま	3% H_2SO_4		*Lactobacillus pentosus* CECT-4024T	SHF	33
ブナ材由来キシラン		キシラナーゼ	*Leuconostoc lactis* SHO-47	SHF	2.3
コーンストーバー	5% NaOH	セルラーゼ, β-グルコシダーゼ, キシラナーゼ混合物	*Lactobacillus pentosus* FL0421	SSF	92.3
オーク材チップ	0.5% H_2SO_4 および水蒸気爆砕	β-グルコシダーゼを含むセルラーゼ混合物	*Lactobacillus* sp. RKY2	SHF	42
サトウキビバガス	水蒸気およびアルカリ	*Penicillium janthinellum* 由来酵素	*Lactobacillus delbrueckii* mutant Uc-3	SSF	67

*SHF: separated hydrolysis and fermentation(分離加水分解発酵法), SSF: simultaneous saccharification and fermentation(同時糖化発酵法)詳しくは本章第2節を参照のこと

ボキシラーゼの発現を抑え, 乳酸を生成するための乳酸デヒドロゲナーゼを高発現する分子育種が多く報告されている. 木材を分解できる白色腐朽菌に適用した研究例もあり, 木材から微生物反応のみで乳酸を生産できるという報告もある.

4.3 水素発酵

水素ガスはエネルギー密度が高く, 燃料電池などのエネルギー変換技術において重要な役割を果たす. また, 水素は燃焼させても水しか生成しないことから, 環境に優しいエネルギー源である. 水素を発生する微生物には, 大きくはシアノバクテリア/微細藻類と細菌の2つの微生物グループが知られている. 前者では, 光合成における光エネルギーでの水の分解, もしくは合成した炭水化物の分解過程で生じるH^+と電子を使用して, 水素ガスを発生する. 後者は, 暗所で水素発酵(hydrogen fermentation)を行い, 嫌気下において有機物(通常は糖やその他の炭水化物)を分解し, 水素ガス(H_2)を生成する. バイオマス, もしくは農食品製造過程から排出される有機性排水を原料とした水素発酵について注目されているのが後者の細菌による水素発酵であり, 持続的な水素生産方法

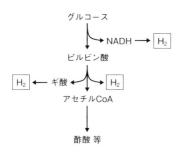

図7-2 代表的な水素産生経路

として世界的に注目されている。

通性嫌気性細菌(例えば大腸菌)や偏性嫌気性細菌(例えば Clostridium 属細菌)に属する様々な細菌群が水素を生産する。細菌による炭水化物からの水素発生は大きく3つの経路が知られている(**図7-2**)。ひとつはNADH経路である。解糖系では1モルのグルコースから2モルのピルビン酸が生じる過程で、2モルの還元力(NADH)が生成する。この還元力によってヒドロゲナーゼという酵素を活性化しH$^+$を還元して水素が発生する。2つ目に通性嫌気性細菌に多い反応経路としてギ酸経路が知られている。大腸菌等は嫌気条件下でピルビン酸からギ酸を生成するが、生成したギ酸はギ酸水素リアーゼ(ギ酸デヒドロゲナーゼとヒドロゲナーゼの複合体)によって分解され、水素と二酸化炭素を生じる。最後に、偏性嫌気性細菌である Clostridium 属細菌で知られているのが、フェレドキシン経路である。解糖系で生成したピルビン酸がアセチルCoAと二酸化炭素に変換される際に、フェレドキシン分子が還元される。生じた還元型フェレドキシンの還元力を使ってヒドロゲナーゼがH$^+$を還元して水素を作る。これら嫌気性細菌による水素生産は、細胞内で余剰となったH$^+$をH$_2$へと変換して細胞内のH$^+$濃度を適切に保つ役割を持つと考えられている。

リグノセルロースバイオマスへの適用については、原料物質が単糖であることから他の発酵と同様にリグノセルロースの前処理と糖化が必要となる。またエタノールや乳酸発酵と同様に、同時糖化発酵による水素産生の報告もある。Ibrahim らは、Clostridium acetobutylicum ATCC 824 株を用いて前処理済みアブラヤシ空果房を原料としたH$_2$生産のための同時糖化発酵を実施し、最大で282.42 mL/LのH$_2$収量を示し、これは加水分解と発酵の分離プロセスより21.2%高かったことを報告している[3]。一方で多糖分解酵素の産生と水素発酵の双方が可能な特定の微生物を用いて、リグノセルロース系バイオマスより直接水素を産生する方法(統合バイオプロセッシング法:第2節参照)も考案されており、代表的な研究例を**表7-2**に示した。近年では、一部の木材腐朽菌(白色腐

表7-2 リグノセルロースを用いた直接水素発酵の例(抜粋)[4]

微生物	材料	水素収量
Thermotoga neapolitana	稲わら	2.7 mol/g 稲わら
Clostridium sartagoforme FZ11	トウモロコシ茎	87.2 ml/g トウモロコシ茎
Clostridium thermocellum ATCC 27405	大麦外皮	1.24 mol/mol グルコース
	微結晶性セルロース	0.76 mol/mol グルコース
	脱リグニン木質繊維	1.6 mol/mol グルコース
Thermoanaerobacterium thermosaccharolyticum M18	結晶性セルロース	243.7 ml/g セルロース
Caldicellulosiruptor saccharolyticus DSM 8903	スイッチグラス	11.2 mmol/g スイッチグラス

朽菌)が,木材腐朽時に好気的条件下で木材からH_2を生成していることが報告されており,水素生産菌の選択の幅が広がりつつある。

4.4 アセトン-ブタノール-エタノール(ABE)発酵

ABE発酵は,古くから知られた反応であり,1930年代前半から廃糖蜜を発酵原料とした工業化の実績がある。第二次世界大戦時には航空燃料としてのブタノールの発酵生産が世界各地で実施された。終戦後,石油から化学合成されたブタノールが普及し,ABE発酵の工業利用は衰退した。しかしながら,近年の脱化石資源の必要性からリグノセルロースを原料としたバイオリファイナリーのひとつとして再度見直されてきている。

ABE発酵は,糖から多段階反応を経て,アセトン,ブタノールおよびエタノールを生成する(図7-3)。Clostridium属菌によるABE発酵は,酸生成過程と溶媒生成過程の2つの段階が存在する。Clostridium属菌は培養開始後,細胞分裂が盛んな対数増殖期を経て定常期に入るが,対数増殖期に酢酸と酪酸を生成し(酸生成期),定常期にアセトンとブタノール,エタノールを生成する(溶媒生成期)。まず,解糖系を通じて糖から生じたピルビン酸はアセチルCoAに変換される。次にアセチルCoAは,酢酸,エタノール,アセトアセチルCoAに変換される。アセトアセチルCoAはアセトンとブチリルCoAの前駆体となり,ブチリルCoAは酪酸とブタノールに変換される。この際,酢酸および酪酸はそれぞれCoA誘導体に再変換される。この図で示された酸生成期と溶媒生成期の代謝が切り替わるメカニズムについては多くの研究報告があるものの,まだ完全には明らかになっていない。Clostridium属の偏性嫌気性細菌は,好

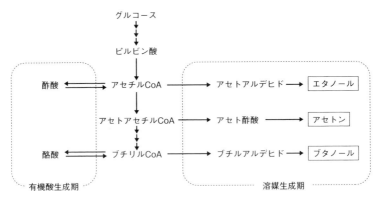

図7-3　ABE発酵の概要

気性生物が行う電子伝達系での酸化的リン酸化(ATP合成)に関する代謝系を持たないため，解糖系等で生じる余剰電子を廃棄するために本発酵を行っていると考えられている。

　リグノセルロースバイオマスへのABE発酵の適用についても，ABE発酵微生物が直接リグノセルロース系バイオマスを使用できないため，各種前処理を必要とする[5]。プロセス全体としては上述の乳酸や水素生産と同様に，まず物理的，化学的，物理化学的，生物学的前処理により，リグノセルロースの構造的破壊や脱リグニンを行い，糖化されやすい状態にする。しかしながらこれらの工程で発酵阻害物質(フルフラール類，フェノール類等)が生成するため，これら発酵阻害物質を除去する工程が必要となる。前処理後に糖化およびABE発酵が行われるが，ブタノール生産においても同時糖化発酵が行われ，さらに，同時糖化共発酵(SSCF)や統合バイオプロセッシング法も提案されている。

4.5　有価物の発酵生産

　乳酸発酵，水素発酵，およびABE発酵は，自然の中で進化した微生物の代謝機能を利用した技術である。遺伝子組換え技術による生産効率の改善に対する報告も多いが，基本的には非組換え体により目的物質の生産が達成される。他にもコハク酸や酢酸など様々な有機酸を生成する有機酸発酵(一部はメタン発酵を参照)，アミノ酸を生成するアミノ酸発酵が有望な技術としてあげられる。一方，近年飛躍的に進展した代謝工学を駆使してバイオマス由来の糖を，

様々な芳香族化合物に変換する微生物が生み出されている。詳細は総説[6]を参照されたいが，解糖系から生成するホスホエノールピルビン酸とペントースリン酸経路から生成するエリスロース4-リン酸の縮合から始まるシキミ酸経路を代謝系の中心としている。このシキミ酸経路を経て生成されるコリスミ酸から，フェノール，プロトカテク酸，4-ヒドロキシ安息香酸を高生産する菌の分子育種が報告され商業化されている。工業利用されているフェノール類は原油から調製され樹脂や様々な化成品の原料として広く使われているため，これらを再生可能資源であるバイオマス原料由来の物質に置き替えることができると期待されている。

4.6 リグノセルロースバイオマスへの適用

概説したように，微生物の発酵により様々な化合物の生産が可能である。その多くは，現在化石資源から生産されている物質を代替することが可能であり，脱化石資源を達成するために重要な基盤技術のひとつである。また，化学合成では多段階の反応が必要な物質でも，微生物反応はより温和でシンプルな生産が可能であるため，環境負荷が少ない。一方で，これらの多くが単糖を出発物質とした反応であることを忘れてはいけない。非食性資源であるリグノセルロースバイオマスを原料とした有価物の発酵生産を実用化するための共通した課題は，第1節で概説したバイオマスの前処理と糖化である。いずれの発酵生産法を選択したとしても，原材料となるバイオマス種に合わせて適切な前処理・糖化法を選択し，プロセス全体の設計を最適化することが，重要となる。

● **主な参考文献**

1) L. Tarraran, R. Mazzoli : "Alternative strategies for lignocellulose fermentation through lactic acid bacteria: the state of the art and perspectives", *FEMS Microbiol. Lett.*, **365**, fny126 (2018)
2) R. L. Shahab et al. : "Consolidated bioprocessing of lignocellulosic biomass to lactic acid by a synthetic fungal-bacterial consortium", *Biotechnol. Bioeng.*, **115**, 1207-1215 (2018)
3) M. F. Ibrahim et al. : "Simultaneous enzymatic saccharification and ABE fermentation using pretreated oil palm empty fruit bunch as substrate to produce butanol and hydrogen as biofuel", *Renew. Energy*, **77**, 447-455 (2015).

4) N-Q. Ren et al.: "A review on bioconversion of lignocellulosic biomass to H$_2$: Key challenges and new insights", *Bioresour. Technol.*, **215**, 92-99 (2016)
5) Y. Guo et al.: "Production of butanol from lignocellulosic biomass: recent advances, challenges, and prospects", *RSC Adv.*, **12**, 18848-18863 (2022)
6) 久保田 健, 乾 将行:"コリネ型細菌が生み出す バイオ化学品多様性の拡大", 化学と生物, **55**(10), 690-698 (2017)

第5節　担子菌類による木質の糖化発酵

5.1　はじめに

　木材細胞壁中の主要な多糖類(セルロース, ヘミセルロース)は, 酵素により単糖へと糖化し, 得られた単糖類は微生物の発酵によって様々な有物価に変換できる。バイオエタノールの例では, その変換プロセスは大きく「前処理」「糖化」「発酵」に分けられる。しかしながら前処理に必要な投入エネルギーと化学薬品, 糖化に必要なセルラーゼが全体のコストを引き上げており, セルロースを原料とする第2世代バイオエタノールの普及を阻んでいる。解決策のひとつとして提案されているのが, 高コストな多段階の反応を微生物の反応に統合し, 生物反応のみによる一気通貫のバイオマス変換である。達成するために必要とされる微生物の能力は,「リグニン分解能」「セルロースおよびヘミセルロースの糖化能」「六炭糖および五炭糖の発酵能」であり, いずれも自然界に存在する微生物反応であるため, 理論的には達成可能であると考えられる。

　糖化と発酵については, 五炭糖の発酵能およびセルラーゼの生成能を付与した遺伝子組換え酵母が開発された。これを前処理後のバイオマスに対して作用させると自身で分泌したセルラーゼでセルロースを加水分解しながら, 同時に生じた単糖をエタノール発酵する。このようにセルラーゼの生産とセルロースの加水分解, 発酵を単独微生物で行う方法を統合バイオプロセッシングと言い, 実用化が期待されている(本章第2節参照)。

　一方,「前処理」工程は, 工業的な利用に有利な物理的・化学的処理が広く研究, 提案されてきた。しかしながら, 薬品やエネルギーの投入などの環境負荷を可能な限り低減する手法が求められる中で, 常温常圧で化学薬品を必要とし

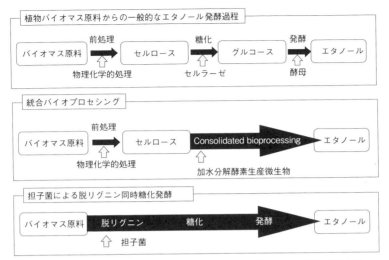

図7-4 一般的なバイオエタノール生産プロセスと担子菌類による木質の糖化発酵

ない生物的な前処理方法も研究されている。前処理の主な目的が，セルロースを被覆するリグニンの除去にあるため，それを生物的な反応で達成することは容易なことではない。リグニンは，微生物分解から植物が自身を守るために作り出した成分のひとつであり，高分子，不定形，疎水性等およそ生物が資化することが難しい化合物の性質を多く備えている。現在認識されているリグニン分解微生物は白色腐朽菌と呼ばれる一群の担子菌類で，きのこの仲間だけである。本節では，担子菌類，特に白色腐朽菌によるリグニンの分解が示す糖化前処理効果，および木質からバイオエタノールを生成するための多段階の反応を担子菌の反応に統合した生物触媒としての可能性を解説する。

5.2 担子菌による糖化前処理効果

木材の主要成分を単独で分解(腐朽)できる微生物は限られており，その多くは担子菌類に属する。木材の腐朽はその特徴から大きく白色腐朽菌と褐色腐朽菌に分けられ，白色腐朽菌はリグニンを分解・除去しセルロースを資化する一方，褐色腐朽菌はリグニンを除去することなくセルロースを分解するとされる。詳細は教科書を参照されたい[2]。

リグニンを生分解できる特徴から，白色腐朽菌を用いた酵素糖化の前処理

に関する研究は比較的古くから行われており，多種の白色腐朽菌が様々なバイオマスの酵素糖化前処理に使用されてきた。しかしながら白色腐朽菌であれば糖化前処理にすべて有効というわけではない。白色腐朽菌には大きく分けてリグニンを選択的に分解する（セルロースを多く残す）選択的リグニン分解菌と，非選択的にリグニン分解を示す（セルロースも同時に分解する）菌が存在する。*Phanerochaete chrysosporium* は古くから研究されてきた非選択的リグニン分解菌であるが，この菌を用いたリグノセルロースの糖化前処理の報告の多くは，糖化効率を改善する効果が見られないことや，むしろセルラーゼによる糖化性が減少するとしている。これは，前処理の際に多糖類中の資化しやすい部分を菌が使用してしまうことで，結果的に残った残渣が糖化困難な構造をしているからであると考えられる。一方，選択的リグニン分解菌を用いた生物的前処理は，リグニンを優先的に分解してセルロースを残すため，続く酵素糖化の効率を改善できる。イネ科の作物残渣に対する白色腐朽菌による糖化前処理の報告が多いが，木材では，広葉樹のヤナギと針葉樹のコウヨウザンを選択的リグニン分解菌とされる *Echinodontium taxodii* で120日間処理すると，酵素糖化効率が未処理の木材と比較して広葉樹で4.7倍，針葉樹で6.3倍増加したという報告がある。白色腐朽菌によるバイオマスの前処理について報告は多くあるものの，使用されたバイオマス種も白色腐朽菌種も多様であり，効果の幅も広い。そのため，現段階では効果の定量的な評価により技術を集約するには至っていない。

　一方，褐色腐朽菌はリグニンを分解・除去することが出来ないとされるが，特に白色腐朽菌での処理が難しい針葉樹材の前処理として有効であると報告されている。褐色腐朽菌は，フェントン反応を介してヒドロキシラジカルを生成し，非酵素的にセルロースの結晶構造を壊し重合度を下げる。また，有機酸の生産もセルロースの加水分解に寄与するとされる。この非酵素反応によるセルロースの分解は，褐色腐朽菌が分解物を栄養として利用する（資化する）よりも早く木材細胞壁中で大規模に起こるため，その後のセルラーゼによる糖化の効率を改善し，前処理として機能する。また，褐色腐朽菌はリグニンの重量がほとんど減少しないことからリグニンを分解しないと考えられてきたが，多次元NMR分析により褐色腐朽菌による腐朽でリグニン中の主要な結合であるβ-O-4

結合が大きく減少していることが明らかとなっている。褐色腐朽菌は従来考えられてきたよりもリグニン内部結合の大幅な分解が起こっていることも，糖化の促進に寄与していると考えられる。

5.3 糖化発酵能を持つ担子菌

酵母や細菌以外にも子嚢菌を中心としたいくつかの糸状菌，例えば *Aspergillus* 属や *Rhisopus* 属，*Monilia* 属，*Neurospora* 属，*Fusarium* 属，*Trichoderma* 属の糸状菌がエタノール発酵能を持つことが古くから知られていた。糸状菌は多細胞体であるため酵母や細菌に比べて現行の発酵槽での使用には不利であるため，応用利用が進んでいない。担子菌については，白色腐朽菌である *Peniophora cinerea* と *Trametes suaveolens* が通気を遮断した条件下で単糖のエタノール発酵能に優れている[5]。またリン酸膨潤セルロースを糖化酵素の添加なしにエタノールに変換することが可能であり，*P. cinerea* によるセルロースの加水分解と発酵が同時に行われるとされる。また，*Phlebia* に属する白色腐朽菌の一部が，五炭糖および六炭糖の発酵，セルロースの糖化・発酵，ヘミセルロースの糖化・発酵に優れていることが示された。*Phlebia* 属の未同定菌である白色腐朽菌 MG-60 株は，前処理後の様々なバイオマスを，外部からのセルラーゼ添加なしに加水分解・発酵できることも示された。すなわち，先に述べた CBP に適性を示す多機能性の白色腐朽菌が自然界に存在することが示されてきた。これらセルロースの直接発酵能を持つ担子菌類は，酵母に匹敵するエタノール変換効率を有しながら遺伝子組換え体ではないため，開放系での使用が容易である。また，セルロースのような固体バイオマスに直接接種・生育可能であること，発酵工程でそれほど厳密な嫌気条件を必要としないなどの利点がある。

5.4 脱リグニン同時糖化発酵

白色腐朽菌による脱リグニンは糖化前処理に有効であり，白色腐朽菌にはセルロースの糖化と単糖の発酵能に優れる株が存在することを述べた。これらのことは，生物反応のみによる一気通貫のバイオマス変換に必要な生物反応を一部の白色腐朽菌が保持していることを意味している。

脱リグニンと糖化・発酵を同一容器内で同時に行うことはできない。白色腐朽菌による脱リグニンは酸化反応であり，一般に好気的で含水率が比較的低い

固相条件で達成される一方で，エタノール発酵は酸素の供給が遮断された嫌気条件で起こるからである．実際にエタノール発酵能を持つ白色腐朽菌である*Phlebia* sp. MG-60株は，好気固相培養条件で広葉樹木粉に対し選択的に脱リグニンを行い，通気を遮断した液体培養に切り替えると残存するセルロースを糖化・発酵しエタノールを生成する．すなわち，薬品や高温高圧条件，外部からのセルロース添加を伴わずに微生物反応のみで木質からエタノールを生成することが可能である．選択的なリグニン分解能を発揮するには処理中の木粉を75％(w/w)程度の含水率に保つ必要があり，かつ長い時間を必要とすることから工業的な実用化には至っていないが，投入するエネルギーや薬品を大幅に減らせる点から研究が続けられている．

● **主な参考文献**

1) 川田俊成，伊藤和貴編："木材科学講座4 木材の化学"，海青社，129-141 (2021)
2) 亀井一郎："木材腐朽菌の機能開発"，木材保存，**38**(4), 144-156 (2012)
3) H. Yu *et al.*: "The effect of biological pretreatment with the selective white-rot fungus *Echinodontium taxodii* on enzymatic hydrolysis of softwoods and hardwoods", *Bioresour. Technol.*, **100**, 5170-5175 (2009)
4) M. J. Ray *et al.*: "Brown rot fungal early stage decay mechanism as a biological pretreatment for softwood biomass in biofuel production", *Biomass Bioenerg.*, **34**, 1257-1262 (2010)
5) 亀井一郎："微生物反応のみでバイオマス変換を完結する"，化学と生物，**59**(3), 137-143 (2021)

第6節　細菌によるリグニンの変換

6.1　リグニン分解で生成する低分子芳香族化合物の細菌による代謝(catabolism)

リグニンは，白色腐朽菌等の真菌や一部の細菌が分泌する分解酵素により酸化され，ラジカルの生成を介して開裂・分解される．この時，モノリグノールを連結する結合が開裂すると，芳香族単量体およびオリゴマー等が生成する．1950～1980年代に行われたリグニンの生分解産物の研究において，バニリン

酸，シリンガ酸(syringic acid)，4-ヒドロキシ安息香酸，芳香族二量体等の多様な低分子芳香族化合物がリグニン分解物として見出された。分解物は極めてバラエティに富むが，この要因としてはモノリグノールの種類，単位間結合の種類，ラジカルによる開裂反応の種類が複数あり，その組み合わせの多さが影響している。

　自然環境では，リグニンの分解で生じた低分子の芳香族化合物は，細菌に加えて真菌にも代謝されるが，環境中での存在量が多い細菌によって主に代謝されると考えられる。現在までに，バニリン酸などのリグニン由来の低分子芳香族化合物の代謝は様々な細菌で解析されており，特に *Pseudomonas putida* KT2440, *Rhodococcus jostii* RHA1, *Novosphingobium aromaticivorans* DSM 12444, *Comamonas* sp. E6, *Sphingobium lignivorans* SYK-6(以前は *Sphingobium* sp. SYK-6)では代謝経路・遺伝子が解明されている。*S. lignivorans* SYK-6株は，リグニン由来の低分子芳香族化合物の分解菌として最もよく解析されており，化合物の細胞内への輸送，代謝経路，代謝酵素と遺伝子，遺伝子の転写制御といった代謝プロセスの全体像が網羅的に明らかにされている。[1,2] SYK-6株は，リグニンに特有な単位間結合を有するβ-アリールエーテル(β-*O*-4結合)，ビフェニル(5-5結合)，フェニルクマラン(β-5結合)，ジアリールプロパン(β-1結合)といった芳香族二量体に加えて，バニリン酸やシリンガ酸等の様々な単量体を分解できる。

　細菌によるリグニン由来の低分子芳香族化合物の代謝経路は，図7-5に示す通り3つの段階に分けられる：1)多様な酵素系によるグアイアシル型，シリンギル型，*p*-ヒドロキシフェニル型の二量体および単量体芳香族化合物のそれぞれバニリン酸，シリンガ酸，*p*-ヒドロキシ安息香酸への集約的な変換，2)バニリン酸およびシリンガ酸の脱メチル化によるカテコール誘導体の生成，3)芳香環開裂経路によるクエン酸回路への合流。

　二量体代謝が解明されているのは，SYK-6株に加えて *N. aromaticivorans* のβ-*O*-4 およびβ-1代謝の一部のみである。リグニン中で最も主要なβ-*O*-4結合は，リグニンの生物化学的変換において重要である。その結合を含む二量体化合物は4つの立体異性体(stereoisomer)をもち，SYK-6株において立体選択的な酵素群によりCα位酸化(LigD/LigL/LigN)，エーテル開裂(LigF/LigE/

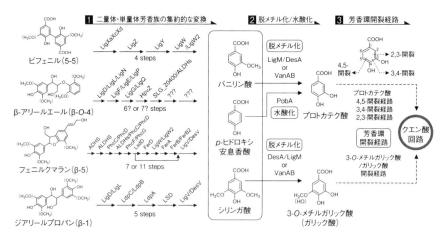

図7-5 細菌によるリグニン由来の低分子芳香族化合物の代謝経路
二量体・単量体芳香族の集約的な変換経路は，SYK-6株で解明されているグアイアシル型化合物について示す。β-5型二量体のLsdDにおける分岐は，変換産物が2つの単量体に分かれることを示す。β-1型二量体の代謝経路はトレオ型について示す。右上にプロトカテク酸の芳香環開裂の位置を示す。略語：ADH；アルコールデヒドロゲナーゼ，ALDH；アルデヒドデヒドロゲナーゼ，他の酵素名については，本文を参照。

LigPおよびLigD/LigQ）を受けてアキラルな芳香族単量体のβ-ヒドロキシプロピオバニロンに変換される[2]。β-ヒドロキシプロピオバニロンは，HpvZとアルデヒドデヒドロゲナーゼ(ALDH)によりバニロイル酢酸に酸化された後バニリン酸へと変換されて代謝されるが，そこに関わる主要な酵素は同定されていない。*N. aromaticivorans*においても酵素の種類が一部異なるものの同様の経路により代謝されるが，β-ヒドロキシプロピオバニロン以降の代謝経路の知見は得られていない。β-1型二量体もまた4つの立体異性体をもつ。その代謝経路は1990年代に*Sphingomonas paucimobilis* TMY1009株において提唱されたが，代謝酵素遺伝子は長らく未同定であった。2021年に*N. aromaticivorans*のLsdE，2023年にSYK-6株のLdpAというエリトロ型のβ-1型二量体を変換する酵素遺伝子が同定された。さらにSYK-6株では，トレオ型二量体がCα位の立体選択的な酸化(LigD/LigL)と還元(LdpC/LdpB)によりエリスロ型に立体反転して代謝されることが明らかにされている。5-5型二量体の代謝経路は最も短く4段階の酵素反応(LigXaXcXd，LigZ，LigY，LigW/LigW2)によりバニリ

ン酸等に変換される。初発反応を担うLigXaXcXdは，モノオキシゲナーゼであり，後述のLigM/DesAとは異なるタイプの脱メチル化酵素である。β-5型二量体の代謝経路は最も長く，11段階の酵素反応によりバニリン酸等に変換される。β-5型も1988年に*S. paucimobilis* TMY1009株で代謝経路が提唱されたが，酵素遺伝子は最近になってSYK-6株で同定された。2023年に，SYK-6株においてβ-5代謝の中間体である5-ホルミルフェルラ酸の変換酵素遺伝子(FerD，LigW2/LigW)が同定され，代謝経路の全貌が明らかとなった。

　集約的な変換で生成する3つの化合物のうち(図7-5)，バニリン酸とシリンガ酸は脱メチル化を受けてそれぞれプロトカテク酸または3-*O*-メチルガリック酸に(さらに脱メチル化されるとガリック酸)，*p*-ヒドロキシ安息香酸は水酸化を受けてプロトカテク酸に変換される[2]。細菌において，*p*-ヒドロキシ安息香酸の水酸化酵素はモノオキシゲナーゼのPobAのみが知られている。一方，バニリン酸やシリンガ酸の脱メチル化(demethylation)は，SYK-6株や*N. aromaticivorans*ではテトラヒドロ葉酸を補酵素とするLigMとDesAが担うが，それら以外の*Pseudomonas*，*Rhodococcus*，*Rhodopseudomonas*，*Corynebacterium*等多くの細菌ではモノオキシゲナーゼのVanABが担う。プロトカテク酸は，好気性細菌において芳香環の3,4-，4,5-，または2,3-位の開裂を触媒するジオキシゲナーゼにより芳香環開裂(aromatic ring cleavage)を受け，それぞれの開裂経路を経てクエン酸回路に合流する。3,4-開裂経路は，バニリン酸の脱メチル化酵素としてVanABを有するタイプの細菌で保存されている傾向があり，細菌において最もメジャーである。4,5-開裂経路はSYK-6株や*Novosphingobium*，*Comamonas*で保存されている。2,3-開裂経路については*Paenibacillus* sp. JJ-1bのみで見出されている。

6.2　リグニン由来低分子芳香族化合物からの有価物生産

　リグニンは，地球上で最も豊富に存在する芳香族化合物であり，生物資源として大きな可能性を秘めている。しかし，不均一で複雑な化学構造ゆえにもっぱら燃焼によるエネルギー利用にとどまる。最近，脱炭素社会構築の機運の高まりを受けてリグニンの資源価値が注目され，プラスチック等に展開できる化成品原料をリグニンから生産する技術が開発され始めた。その技術のひとつが，「化学分解」と「細菌代謝」を組み合わせたものである。リグニンを化学分解す

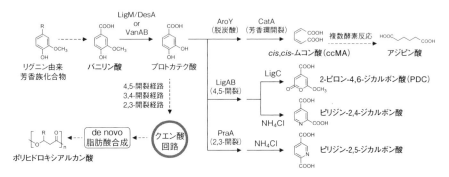

図7-6 リグニン由来芳香族化合物からの化成品原料生産経路
化成品原料を太字で示す。ピリジン2,4-および4,5-ジカルボン酸は，プロトカテク酸の芳香環開裂産物がNH$_4$Cl存在下で酵素非依存的にピリジン環を形成することで生成する。酵素：AroY，プロトカテク酸デカルボキシラーゼ；CatA，カテコール1,2-ジオキシゲナーゼ；LigAB，プロトカテク酸4,5-ジオキシゲナーゼ；LigC，4-カルボキシ-2-ヒドロキシムコン酸-6-セミアルデヒドデヒドロゲナーゼ；PraA，プロトカテク酸2,3-ジオキシゲナーゼ

ると，酵素による生分解と同様に雑多な低分子芳香族化合物のミクスチャーが生成する。このミクスチャーは非常にヘテロな混合物のため，ここから化成品原料を分離・抽出するのは困難である。この課題の解決策として，東京農工大学 片山義博 名誉教授らは，「細菌が持つ多様な化合物を集約的に代謝する能力を利用する」というコンセプトを提案した。このコンセプトは，2016年に米国再生可能エネルギー研究所のGregg T. Beckham（グレッグ T. ベッカム）上席研究員により「Biological funneling」として提唱され[3]，リグニンからの有価物生産戦略として世界的に定着してきている。リグニンまたはリグニン由来の低分子芳香族から生産が試みられている化成品原料として(**図7-6**)，リグニン由来芳香族の集約点であるバニリン酸，そしてプロトカテク酸から派生する2-ピロン-4,6-ジカルボン酸(PDC)，*cis, cis*-ムコン酸(ccMA)，アジピン酸，ピリジン-2,4-ジカルボン酸，ピリジン-2,5-ジカルボン酸，そしてクエン酸回路を経由して脂質生合成経路により合成されるポリヒドロキシアルカン酸などがある。これらの生産アプローチとしては，一般的な物質生産宿主である*Escherichia coli*にターゲット化合物を生産するために必要な酵素遺伝子を導入・発現させるパターンと，宿主細菌が有するリグニン由来芳香族化合物の代謝能を利用するパターンがある。本書では，生産菌が多数開発されているccMAについて，

樹木由来リグニン分解物を出発原料とした場合の生産システムと代謝工学の事例を紹介する。

ccMAは，多様な化成品原料に転換可能な基幹化合物である。プロトカテク酸を *Klebsiella pneumoniae* 由来のAroY等のデカルボキシラーゼで脱炭酸し，その産物であるカテコールをカテコール1,2-ジオキシゲナーゼのCatAで変換することによりccMAを生産できる。樹木由来リグニン分解物を出発原料としたccMA生産としては，以下の2例がある[4,5]。KohlstedtらはS3 Chemicals社が生産・販売するIndulin ATというスルホン化されていないパイン材由来のクラフトリグニンを水熱処理してカテコール等のフェノール類を主要に含むミクスチャーを調製し，これを原料として，*P. putida* KT2440株のccMA変換能を欠損させつつフェノール類の変換酵素遺伝子をプラスミドで導入して代謝能を向上させたMA-9株を宿主として用いて培養し，フェノール類をほぼ100％のモル収率でccMAに変換し，13 g/Lの最終生成物濃度を達成した[4]。少し話は変わるが，有価物の微生物発酵生産では，微生物を増殖させるためにグルコース等の炭素源が必要となる。一方，グルコースは有価物発酵生産の汎用的な原料としても使われるため，微生物増殖と有価物生産でグルコースが競合する。園木らは，グルコース等の糖を炭素源として用いず，リグニン分解物中の芳香族化合物を，ccMA源と微生物増殖源の両方に使うというアイデアを提案した[5]。広葉樹であるシラカバのリグニンのモノリグノールは，組成に占める割合が多い順にシリンギル型，グアイアシル型，*p*-ヒドロキシフェニル型となる。図7-7に示すとおり，グアイアシル型と*p*-ヒドロキシフェニル型はプロトカテク酸を経由して代謝されるためccMA生産に利用できるが，シリンギル型からはccMAが生産できない。そこで，シラカバリグニン分解物中の，シリンギル型化合物を炭素源に，グアイアシル型と*p*-ヒドロキシフェニル型をccMA生産源に使う代謝改変が行われた。宿主には各化合物を代謝可能なSYK-6株を用い，図7-7に示す以下の代謝改変を実施された：1) *ligAB*を破壊することでプロトカテク酸の変換能を欠損，2) *aroY*，その機能を補助する*kpdB*，*catA*を導入してプロトカテク酸からccMAへの変換能を付与，3) *vanAB*を導入してバニリン酸の変換能を向上。得られた代謝改変SYK-6株を用いることで，グルコース等の糖を微生物増殖源に用いず，シラカバリグニンの酸化分解物のみからccMA生産と

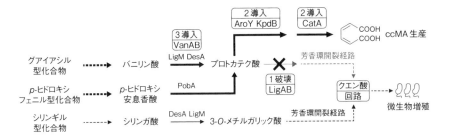

図7-7 リグニン分解物でccMA生産と微生物増殖をするための代謝改変
SYK-6株に対して遺伝子破壊と遺伝子導入の3つの代謝工学が実施されている。グアイアシル型とp-ヒドロキシフェニル型の化合物からのccMA生産経路を太い矢印で示す。遺伝子破壊により機能しない経路をグレーの矢印で示す。

微生物増殖を達成している。

● **主な参考文献**

1) E. Masai et al. : "Genetic and biochemical investigations on bacterial catabolic pathways for lignin-derived aromatic compounds", *Biosci. Biotechnol. Biochem.*, **71**, 1-15 (2007)
2) N. Kamimura et al. : "Bacterial catabolism of lignin-derived aromatics: New findings in a recent decade: Update on bacterial lignin catabolism", *Environ. Microbiol. Rep.*, **9**, 679-705 (2017)
3) G. T. Beckham et al. : "Opportunities and challenges in biological lignin valorization", *Curr. Opin. Biotechnol.*, **42**, 40-53 (2016)
4) M. Kohlstedt et al. : "From lignin to nylon: Cascaded chemical and biochemical conversion using metabolically engineered *Pseudomonas putida*", *Metab. Eng.*, **47**, 279-293 (2018)
5) T. Sonoki et al. : "Glucose-free cis, cis-muconic acid production via new metabolic designs corresponding to the heterogeneity of lignin", *ACS Sus. Chem. Eng.*, **6**, 1256-1264 (2018)

そのほかの引用文献

● 第 2 章

【第 2 節】

一般社団法人日本木質バイオマスエネルギー協会「木質バイオマス燃料の需給動向調査成果報告書」(2023)

公益財団法人古紙再生促進センター「古紙の統計分類と主要銘柄」(2016)

公益財団法人古紙再生促進センター「古紙ハンドブック 2023」(2023)

公益財団法人古紙再生促進センター「古紙標準品質規格」(2012)

公益財団法人古紙再生促進センター「雑がみ・オフィスペーパーの分別排出基準」(2016)

国土交通省「建設副産物実態調査結果」(2013)

紙パルプ技術協会:"紙パルプ技術便覧 第 5 版", 117 (1992)

日本製紙連合会技術環境部「紙パルプ産業のエネルギー需給及び他産業も含めた CO_2 排出の動向　2023 年度版」(2021 年度実績)

農林水産省「バイオマス活用推進基本計画(第 3 次)」(2022)

農林水産省「木質バイオマス利用実態調査」(2005)

林野庁「森林・林業統計要覧 2023」

林野庁「平成 25 年度 森林・林業白書」

林野庁「令和 3 年度 森林・林業白書」

林野庁企画課「令和 4 年 (2022 年) 木材需給表」

● 第 3 章

【第 1 節】

Eldridge, K. *et al.*:"Eucalypt Domestication and Breeding.", Oxford Science Publications, 288 (1993)

FAO:"MEAN ANNUAL VOLUME INCREMENT OF SELECTED INDUSTRIAL FOREST PLANTATION SPECIES" (2001)

Grace, J.:"Role of forest biomass in the global carbon balance", in "The carbon balance of forest biomass", Taylor & Francis Group, 19-45 (2005)

Mead, J. D.:"Sustainable management of *Pinus radiata* plantations", FAO FORESTRY PAPER, 170 246 (2013)

森林総合研究所「循環的なかんば林業を目指して. 第5期中長期計画成果13」14 (2022)

宇都木 玄ら："札幌市郊外の落葉広葉樹林における現存量に関する諸量の推定 (Ⅰ)", 日林北支論, **52**, 100-102 (2004)

矢野俊夫："ニュージーランド林業の今", 森林技術, 797, 12-18 (2008)

【第2節】

Caslin, B. et al.: "Short rotation coppice willow best practice guidelines", *Teagasc and Agri-Food and Biosciences Institute* (2015)

Cossalter, C., Pye-Smith, C., 太田誠一, 藤間剛監訳："Fast-wood forestry: myths and realities.（早生樹林業──神話と現実)", CIFOR（国際林業研究センター) (2005)

Kayama, M. et al.: "Growth Characteristics of Seven Willow Species Distributed in Eastern Japan in Response to Compost Application", *Forests*, **3**, 606 (2023)

Lu, Y. et al.: "Process-Based Approach to Estimate Chinese Fir (*Cunninghamia lanceolata*) Distribution and Productivity in Southern China under Climate Change", *Forests*, **6**, 360-379 (2015)

Stanton, B. et al.: "Hybrid poplar in the Pacific Northwest: the effects of market-driven management", *J. For.*, **100**, 28-33 (2002)

鵜川 信ら："ノウサギが主軸を切断できるコウヨウザン植栽苗のサイズ", 日本森林学会誌, **105**, 239-244 (2023)

宇都木 玄, 久保山裕史："年間平均成長量(MAI)からみた土地期望価(LEV)による林業の経営判断", 日本森林学会誌, **103**, 200-206 (2021)

Verani, S. et al.: "FIELD HANDBOOK-POPLAR HARVESTING. International Poplar Commission Working Paper", *IPC/8 FAO* (2008)

【第4節】

Donev, E. et al.: "Engineering non-cellulosic polysaccharides of wood for the biorefinery", *Front. Plant Sci.*, **9**, 1537 (2018)

Eriksson, M. E. et al.: "Increased gibberellin biosynthesis in transgenic trees promotes growth, biomass production and xylem fiber length", *Nat. Biotechnol.*

18, 784-788 (2000)

Hinchee, M. et al.: "Biotech enhanced level of syringyl lignin improves *Eucalyptus* pulping efficiency" 5th International Colloquium on Eucalyptus Pulp, Porto Seguro, Bahia, Brazil (2011)

Pinheiro, A. C. et al.: "Five-years post commercial approval monitoring of eucalyptus H421", *Front. Bioeng Biotechnol.*, **10**, 3389 (2023)

Stewart, J. J. et al.: "The influence of lignin chemistry and ultrastructure on the pulping efficiency of clonal aspen(*Populus tremuloides* Michx.)", *Holzforschung*, **60**, 111-122 (2006)

Taniguchi, T. et al.: "Growth and root sucker ability of field-grown transgenic poplars overexpressing xyloglucanase", *J. Wood Sci.*, **58**, 550-556 (2012)

● 第4章
【第2節】

FAO/WHO : Summary and conclusion of the 69th meeting of Joint FAO/WHO Expert Committee on Food Additives, Food and Agricultural Organization of United Nations and World Health Organization, Rome, Italy (2008)

Liu, Q. et al.: "Industrial utilizations of water-soluble sulfuric acid lignin prepared by hydrothermal treatment as flocculant and dispersant", *J. Wood Sci.*, **65**, 18 (2019)

Luscombe, D. K. Nicholls, P. J.: "Acute and subacute oral toxicity of AHR-2438B, a purified sodium lignosulphonate, in rats", *Food Cosmet. Toxicol.*, **11**(2), 229-237 (1973)

Matsushita, Y. et al.: "Surface characteristics of phenol-lignin-formaldehyde resin determined by contact angle measurement and inverse gas chromatography", *Ind. Crop. Prod.*, **23**(2), 115-121 (2006)

Matsushita, Y. et al.: "Solubilization and functionalization of sulfuric acid lignin generated during bioethanol production from woody biomass", *Bioresour. Technol.*, **100**(2), 1024-1026 (2009)

Matsushita, Y. et al.: "Hydrothermal reaction of sulfuric acid lignin generated as a by-product during bioethanol production using lignocellulosic materials to convert bioactive agents" *Ind. Crop. Prod.*, **42**(March), 181-188 (2013)

Zhang, T. et al. : "Adsorptive behavior of surfactants on surface of Portland cement", *Cem. Concr. Res.*, **31**(7), 1009-1015 (2001)

●第6章

【第1節】

小林達吉:"木材糖化法の進歩", 日本農芸化学会誌, **30**(3), A30-A40 (1956)

種田大介:"燃料用バイオエタノールの普及対策と新規製造技術", オーム, **93**(11), 42-45 (2006)

【第2節】

Ehara, K. et al. : "Characterization of the lignin-derived products from wood as treated in supercritical water", *J. Wood Sci.*, **48**, 320-325 (2002)

Ehara, K. et al. : "GC-MS and IR spectroscopic analyses of the lignin-derived products from softwood and hardwood treated in supercritical water", *J. Wood Sci.*, **51**, 256-261 (2005)

Ishikawa, Y., Saka, S. : "Chemical conversion of cellulose as treated in supercritical methanol", *Cellulose*, **8**, 189-195 (2001)

Kawamoto, H. : "Review of reactions and molecular mechanisms in cellulose pyrolysis", *Curr. Org. Chem.* **20**(23), 2444-2457 (2016)

Kawamoto, H. : "Lignin pyrolysis reactions", *J. Wood Sci.*, **63**, 117-132 (2017)

Kruse, A. : "Hydrothermal biomass gasification", *J. Supercrit. Fluids.*, **47**(3), 391-399 (2009)

Minami, E., Saka, S. : "Comparison of the decomposition behaviors of hardwood and softwood in supercritical methanol", *J. Wood Sci.*, **49**, 73-78 (2003)

南 英治:"超・亜臨界流体技術によるリグニンの分解", リグニン利活用のための最新技術動向(梅澤俊明編), シーエムシー出版, 70-76 (2020)

Mizuno, A. et al. : "Effect of methanol density on lignin degradation in supercritical methanol", Abstract Book of the 2nd International Lignin Symposium, 48 (2024)

NIST : "Thermophysical Properties of Fluid Systems", NIST Standard Reference

Database Number 69 (2023)

Takada, M. et al. : "Characterization of the precipitated lignin from Japanese beech as treated by semi-flow hot-compressed water", *Holzforschung*, **71**(4), 285-290 (2017)

Ye, K. et al. : "A review for lignin valorization: Challenges and perspectives in supercritical methanol" *J. Wood Sci.*, **69**, 26 (2023)

Yilin, Y. et al. : "High pressure facilitates delignification of Japanese cedar in catalytic hydrogenolysis", *Ind. Crops. Prod.*, **172**, 114008 (2021)

● 第 7 章
【第 1 節】

Chen, Z. et al. : "Exploitation of lignocellulosic-based biomass biorefinery: A critical review of renewable bioresource, sustainability and economic views", *Biotechnol. Adv.* **69**, 108265 (2023)

片山義博ら編: "木材科学講座 11 バイオテクノロジー", 海青社, 80-104 (2002)

【第 3 節】

Enzman, F. et al. : "Methanogens: biochemical background and biotechnological applications", *AMB Express*, **8**, 1 (2018)

Li, Y. et al. : "Enhancement of methane production in anaerobic digestion process: a review", *Appl. Energy*, **240**, 120-137 (2019)

Mosier, N. et al. : "Features of promising technologies for pretreatment of lignocellulosic biomass", *Bioresour. Technol.*, **96**, 673-686 (2005)

Olatunji, K. O. et al. : "Optimization of biogas yield from lignocellulosic materials with different pretreatment methods: a review", *Biotechnol. Biofuels.*, **14**, 159 (2021)

索引・用語解説

(50音順)

【樹種名】

アカシア類(*Acacia* spp.) 56, 58
アカマツ(*Pinus densiflora*) 56
カラマツ類(*Lalix* spp.) 56
コウヨウザン(*Cunninghamia lanceolata*) 59
スギ(*Cryptomeria japonica*) 12, 14, 56, 59
センダン(*Melia azedarach*) 60
ヒノキ(*Chamaecyparis obtusa*) 56
ポプラ類(*Populus* spp.) 58, 66
マツ類(*Pinus* spp.) 58
メリナ(*Gmelina arborea*) 56
ヤナギ類(*Salix* spp.) 59
ユーカリ類(*Eucalyptus* spp.) 56, 58, 59

【略語】

ABE 193 ⇒ アセトン-ブタノール-エタノール発酵(acetone-butanol-ethanol fermentation)
AD 190 ⇒ 嫌気性消化(anaerobic digestion)
AFOLU 23 ⇒ 土地利用(agriculture, forestry and other land use)
CBP 187 ⇒ 統合バイオプロセッシング法(consolidated bio-processing)
CCE 87 ⇒ 冷苛性ソーダ抽出(cold caustic extraction)
CFRP 102 ⇒ 炭素繊維強化材(carbon fiber reinforced plastics)
CNC 84 ⇒ セルロースナノクリスタル(cellulose nanocrystals)
CNF 71, 81, 85 ⇒ セルロースナノファイバー(cellulose nanofiber)
CNW 84 ⇒ セルロースナノウィスカー(cellulose nanowhiskers)
CTE 73 ⇒ 線熱膨張係数(coefficient of thermal expansion)
DS 76 ⇒ 置換度(degree.of.substitution)
EC 160 ⇒ エチレンカーボネート(ethylene carbonate)
EPD 50 ⇒ Environmental Product Declaration
FIT 35 ⇒ 再生可能エネルギーの固定価格買取制度(Feed-in Tariff)
FRP 102 ⇒ 繊維強化材(fiber reinforced plastics)
GA 65 ⇒ ジベレリン
LCA 46 ⇒ ライフサイクルアセスメント(life cycle assessment)
LODP 84 ⇒ レベルオフ重合度(level-off degree of polymerization)
LULUC 50 ⇒ 土地利用および土地利用変化(land use and land use change)
LULUCF 50 ⇒ 土地利用, 土地利用変化および林業(land use, land use change and forestry)
MAI 55 ⇒ 平均連年成長量(mean annual increment)
MS 79 ⇒ モル置換度(molar substitution)
ORC 123 ⇒ 有機ランキンサイクル

218　索　引

（organic Rankin cycle）
PAH　136 ⇒ 多環芳香族炭化水素（polyaromatic hydrocarbon）
PC　160 ⇒ プロピレンカーボネート（propylene carbonate）
PEG　100 ⇒ ポリエチレングリコール（polyethylene glycol）
SHF　186 ⇒ 分離加水分解発酵法（separate hydrolysis and fermentation）
SSF　187, 194 ⇒ 同時糖化発酵法（simultaneous saccharification and fermentation）
TGA　134 ⇒ 熱重量測定（thermogravimetric analysis）

【数　字】

2nd generation plus-tree　62 ⇒ エリートツリー

【A】

aceticlastic　189 ⇒ 酢酸分解型
acetogenesis　190 ⇒ 酢酸生成
acetone-butanol-ethanol fermentation　193 ⇒ アセトン-ブタノール-エタノール発酵
acid treatment　182 ⇒ 酸処理
activated carbon　130 ⇒ 活性炭
agriculture, forestry and other land use　23, 50 ⇒ 土地利用
air pollution　22 ⇒ 大気汚染
alkaline treatment　182 ⇒ アルカリ処理
anaerobic digestion　190 ⇒ 嫌気性消化
anhydrosugar　137 ⇒ 無水糖
archaea　189 ⇒ 古細菌（アーキア）
aromatic ring cleavage　207 ⇒ 芳香環開裂

【B】

bagasse　8 ⇒ バガス
bamboo charcoal　130 ⇒ 竹炭
biochar　131 ⇒ バイオ炭
biodiversity　22 ⇒ 生物多様性
bioeconomy　33 ⇒ バイオエコノミー
bioethanol　141 ⇒ バイオエタノール
Biological funneling　208
biomass　7 ⇒ バイオマス
bio-oil　137 ⇒ バイオオイル
biorefinery　163 ⇒ バイオリファイナリー
biotechnology　65 ⇒ バイオテクノロジー
black charcoal　129 ⇒ 黒炭
breeding population　61 ⇒ 育種集団
briquette charcoal　129 ⇒ おが炭
building materials　18 ⇒ 建築用材料
bundling machine　44 ⇒ バンドリングマシン

【C】

carbon cycle　21 ⇒ 炭素物質循環
carbon debt　32 ⇒ 炭素負債
carbon fiber reinforced plastics　102 ⇒ 炭素繊維強化材
carbon neutral　10 ⇒ カーボンニュートラル
carbonization　128 ⇒ 炭化
cascade use　20 ⇒ カスケード利用
catabolism　204 ⇒ 代謝
catechol　136 ⇒ カテコール
cell wall　15 ⇒ 細胞壁
cellulase　183 ⇒ セルラーゼ
cellulose ester　77 ⇒ セルロースエステル
cellulose ether　79 ⇒ セルロースエーテル
cellulose microfibril　15 ⇒ セルロースミクロフィブリル
cellulose nanocrystals　84 ⇒ セルロースナノクリスタル
cellulose nanofiber　71 ⇒ セルロースナノファイバー

索　引

【C続き】

cellulose nanowhiskers 84 ⇒ セルロースナノウィスカー
chainsaw 39 ⇒ チェーンソー
charcoal 128 ⇒ 木炭
charcoal making 128 ⇒ 製炭
chemical gels 88 ⇒ 化学ゲル
chemical pretreatment 182 ⇒ 化学的前処理
chipping 119 ⇒ チップ化
chiral nematic (cholesteric) arrangements 85 ⇒ キラルネマチック (コレステリック) 配列
climate change 22 ⇒ 気候変動
coefficient of thermal expansion 73 ⇒ 線熱膨張係数
cold caustic extraction 87 ⇒ 冷苛性ソーダ抽出
combustion rate 120 ⇒ 燃焼速度
conductometric titration 86 ⇒ 伝導度滴定法
consolidated bio-processing 187 ⇒ 統合バイオプロセッシング法
construction derived wood residues 36 ⇒ 建設発生木材
corn stover 8 ⇒ コーンストーバー
cresole 136 ⇒ クレゾール
critical point 153 ⇒ 臨界点
crosslinking agent 88 ⇒ 架橋剤
crown 12 ⇒ 樹冠

【D】

degree of substitution 76 ⇒ 置換度
demethylation 207 ⇒ 脱メチル化
depletion of resources 22 ⇒ 資源の枯渇
direct combustion 117 ⇒ 直接燃焼
dissolution pulp 87 ⇒ 溶解パルプ
distillation 128 ⇒ 乾留

【E】

edible biomass 8 ⇒ 可食性バイオマス
effect of carbon storage 29 ⇒ 炭素貯留効果
electrostatic stabilization 86 ⇒ 静電安定化
energy resource 17 ⇒ エネルギー源
energy substitution effect 32 ⇒ 化石燃料代替効果
entrained flow bed 122 ⇒ 噴流床
Environmental Product Declaration 50
enzymatic saccharification 179 ⇒ 酵素糖化
ethanol fermentation 184 ⇒ エタノール発酵
ethylene carbonate 160 ⇒ エチレンカーボネート

【F】

fast pyrolysis 134 ⇒ 急速熱分解
Feed-in Tariff 35 ⇒ 再生可能エネルギーの固定価格買取制度
fiber reinforced plastics 102 ⇒ 繊維強化材
fire resistance 166 ⇒ 難燃性
fixed bed 122 ⇒ 固定床
fluidized bed 122 ⇒ 流動床
forest area 29 ⇒ 森林面積
forest tree breeding 61 ⇒ 林木育種
forwarder 42 ⇒ フォワーダ
forwarder for biomass 44 ⇒ バイオマス対応型フォワーダ
fossil resources 10 ⇒ 化石資源
full tree logging 39 ⇒ 全木集材
furfural 164 ⇒ フルフラール

【G】

gasification 133 ⇒ ガス化
gaseous fuel 19 ⇒ 気体燃料
gasification power generation 126 ⇒ ガス化発電
genome editing 68 ⇒ ゲノム編集

gibberellin 65 ⇒ ジベレリン
global environmental issues 22 ⇒ 地球環境問題
global warming 22 ⇒ 温暖化
glucose 21, 179 ⇒ ブドウ糖，グルコース
grate 122 ⇒ 火格子
greenhouse gas 21 ⇒ 温室効果ガス
growing stock, stand volume 29 ⇒ 森林蓄積

【H】

hardwood 11 ⇒ 広葉樹
harvester 40 ⇒ ハーベスタ
heartwood 13 ⇒ 心材
hemicellulose 15 ⇒ ヘミセルロース
high-pressure and high-temperature water 153 ⇒ 高温高圧水
holocellulose 72 ⇒ ホロセルロース
hot-compressed water 153 ⇒ 加圧熱水
hot-compressed water extraction 156 ⇒ 加圧熱水抽出
hydrogen bond 75 ⇒ 水素結合
hydrogen fermentation 195 ⇒ 水素発酵
hydrogenotrophic 189 ⇒ 水素栄養型
hydrolysis 190 ⇒ 加水分解
hydroxy group 74 ⇒ ヒドロキシ基
5-hydroxymethylfurfural 164 ⇒ 5-ヒドロキシメチルフルフラール

【I】

imidazolium 163 ⇒ イミダゾリウム
industrial residual wastes 8 ⇒ 工場残廃材
ionic liquid 161 ⇒ イオン液体
ISO14040 48

【L】

lactic acid fermentation 193
land use, land use change and forestry 50 ⇒ 土地利用，土地利用変化および林業
land use and land use change 50 ⇒ 土地利用および土地利用変化
less-pollen variety 64 ⇒ 花粉の少ない品種
level-off degree of polymerization 84 ⇒ レベルオフ重合度
levoglucosan 135 ⇒ レボグルコサン
life cycle assessment 46 ⇒ ライフサイクルアセスメント
lignin 15 ⇒ リグニン
lignosulfonates 176 ⇒ リグニンスルホン酸
liquid fuel 19 ⇒ 液体燃料
log price 31 ⇒ 丸太価格
logging residues 34 ⇒ 林地残材
logging, log production 30 ⇒ 素材生産

【M】

marine pollution 22 ⇒ 海洋汚染
material resource 17 ⇒ マテリアル資源
material substitution effect 32 ⇒ 材料代替効果
mean annual increment 55 ⇒ 平均連年成長量
methane 19, 23, 136, 139, 189 ⇒ メタン (CH_4)
methanogenesis 190 ⇒ メタン生成
methanogens 189 ⇒ メタン生成菌
methylotrophic 189 ⇒ メチル栄養型
microfibril angle 73 ⇒ ミクロフィブリル傾角
mini forwarder 42 ⇒ 林内作業車
mobile chipper 42 ⇒ 移動式チッパー
moisture content 120 ⇒ 含水率
molar substitution 79 ⇒ モル置換度
monolignol 67 ⇒ モノリグノール
nanocomposites 86 ⇒ ナノコンポジット
non-edible biomass 8 ⇒ 非可食性バイオマス

索　引

【O】

organic Rankin cycle　123 ⇒ 有機ランキンサイクル
organosolv　182 ⇒ オルガノソルブ

【P】

particulate matter　121 ⇒ 粒子状物質
pectin　66, 109 ⇒ ペクチン
pellet stove　121 ⇒ ペレットストーブ
pelletizing　119 ⇒ ペレット化
physical gels　88 ⇒ 物理ゲル
physical pretreatment　181 ⇒ 物理的前処理
phytohormone　65 ⇒ 植物ホルモン
Pickering emulsions　74 ⇒ Pickeringエマルション
plus-tree　62 ⇒ 精英樹
pollen free　67 ⇒ 無花粉
polyaromatic hydrocarbon　136 ⇒ 多環芳香族炭化水素
polyethylene glycol　100 ⇒ ポリエチレングリコール
prehydrolysis　87 ⇒ 前加水分解処理
pretreatment　163 ⇒ 前処理
processor　40 ⇒ プロセッサ
production population　61 ⇒ 生産集団
progeny test　62 ⇒ 次代検定
propylene carbonate　160 ⇒ プロピレンカーボネート
pulp waste liquor　8 ⇒ パルプ廃液

【R】

radial section　14 ⇒ 放射断面(柾目面)
radical crosslinking　88 ⇒ ラジカル架橋
reforestation　31 ⇒ 再造林
renewable　9 ⇒ リニューアブル
renewable resources　29 ⇒ 再生可能な資源
rice straw　8 ⇒ 稲わら

【S】

sapwood　13 ⇒ 辺材
satoyama landscape　25 ⇒ 里地里山
seed orchard/scion garden　64 ⇒ 採種穂園
separate hydrolysis and fermentation　186 ⇒ 分離加水分解発酵法
separation of components　162 ⇒ 成分分離
short wood logging　39 ⇒ 短幹集材
simultaneous saccharification and fermentation　194 ⇒ 同時糖化発酵法
softwood　11 ⇒ 針葉樹
soil pollution　22 ⇒ 土壌汚染
solid fuel　18 ⇒ 固体燃料
specified mother tree　62 ⇒ 特定母樹
stationary chipper　43 ⇒ 定置式破砕機
steam explosion treatment　156 ⇒ 蒸煮・爆砕処理
steam turbine　123 ⇒ 蒸気タービン
stem　12 ⇒ 樹幹
stereoisomer　205 ⇒ 立体異性体
steric stabilization　86 ⇒ 立体安定化
stirling engine　123 ⇒ スターリングエンジン
stoker　122 ⇒ ストーカ
stumpage price　31 ⇒ 立木価格
subcritical water　153 ⇒ 亜臨界水
subcritical water extraction　156 ⇒ 亜臨界水抽出
sugar alcohol　175 ⇒ 糖アルコール
supercritical fluid　146 ⇒ 超臨界流体
supercritical water　147 ⇒ 超臨界水
superior variety　63 ⇒ 優良品種
swing yarder　41 ⇒ スイングヤーダ
synthesis gas　139 ⇒ 合成ガス
syringic acid　205 ⇒ シリンガ酸
tangential section　14 ⇒ 接線断面(板目面)

tar 139 ⇒ タール
technical lignin 90 ⇒ 工業リグニン
termite resistance 167 ⇒ 耐蟻性
thermogravimetric analysis 134 ⇒ 熱重量測定
thinned wood 8 ⇒ 間伐材
timber demand 30 ⇒ 木材需要
torrefaction 131 ⇒ 半炭化(トレファクション)
tower yarder 41 ⇒ タワーヤーダ
transverse section (cross section) 14 ⇒ 横断面(木口面)
tree length logging 39 ⇒ 全幹集材

【U】

utilization ratio of forest resources 32 ⇒ 森林資源利用率

【V】

vanillic acid 164 ⇒ バニリン酸
vanillin 164 ⇒ バニリン

【W】

water pollution 22 ⇒ 水質汚染
water source irrigation 25 ⇒ 水源かん養機能
wet-type milling 188 ⇒ 湿式ミリング処理
white charcoal 129 ⇒ 白炭
wood stove 120 ⇒ 薪ストーブ
wood vinegar 137 ⇒ 木酢液
woody biomass 11 ⇒ 木質バイオマス

【X】

xylan 106 ⇒ キシラン
xylitol 173 ⇒ キシリトール
xylose 179 ⇒ キシロース
xylulose 174 ⇒ キシルロース

【Y】

yarder 40 ⇒ 集材機
yeast 185 ⇒ 酵母

【あ 行】

アセトン-ブタノール-エタノール発酵 193 ⇒ acetone–butanol–ethanol fermentation: ABE
アラビノグルクロノキシラン 106
亜臨界水 153 ⇒ subcritical water
亜臨界水抽出 156 ⇒ subcritical water extraction
アルカリ処理 182 ⇒ alkaline treatment
アレニウスプロット 147
安定化 95

イオン液体 161 著しく融点の低い塩の総称。イオン液体を定義づける融点は決まっておらず,100℃あるいは150℃付近以下と認識されている。⇒ ionic liquid
イオン積 146
育種集団 61 ⇒ breeding population
板目面 14 ⇒ tangential section
位置選択的置換セルロース誘導体 79
移動式チッパー 42 ⇒ mobile chipper
稲わら 8 ⇒ rice straw
イミダゾリウム 163 ⇒ imidazolium

液化木材 158
液体燃料 19 ⇒ liquid fuel
エステル誘導体 110
エタノール発酵 184 ⇒ ethanol fermentation
エチレンカーボネート 160 ⇒ ethylene carbonate: EC
エネルギー源 17 ⇒ energy resource
エリートツリー 62 ⇒ 2nd generation plus-tree

索　引

横断面（木口面）　14 ⇒ transverse section (cross section)
おが炭　129
オリゴ糖　106
オルガノソルブ　182 ⇒ organosolv
温室効果ガス　21 ⇒ greenhouse gas
地球温暖化　22 ⇒ global warming

【か　行】

加圧熱水　153 ⇒ hot-compressed water
加圧熱水抽出　156 ⇒ hot-compressed water extraction
カーボンクレジット　51
カーボンニュートラル　10, 23, 80　温室効果ガスの排出量と吸収量が均衡している状態のこと。⇒ carbon neutral
改質リグニン　100
海洋汚染　22 ⇒ marine pollution
化学ゲル　88 ⇒ chemical gels
化学的前処理　182 ⇒ chemical pretreatment
架橋剤　88 ⇒ crosslinking agent
可食性バイオマス　8 ⇒ edible biomass
加水分解　190 ⇒ hydrolysis
カスケード利用　20, 33, 38　木質バイオマスの質に応じて，品質の良い・価値の高いものから順に多段的に使い，最後は燃料としてエネルギー利用するところまで使い尽くす考え方。⇒ cascade use / cascade utilization
ガス化　133 ⇒ gasification
ガス化発電　123 ⇒ gasification power generation
化石資源　10 ⇒ fossil resources
化石燃料代替効果　32 ⇒ energy substitution effect
活性炭　130
カテコール　136 ⇒ catechol
花粉の少ない品種　64 ⇒ less-pollen variety

加溶媒分解　146, 158
ガラクトグルコマンナン　106
含水率　120 ⇒ moisture content
間伐材　35　成長して込みあった森林を健全な状態に導くため，立木の一部を抜き伐り（間伐）した際に生産された丸太。⇒ thinned wood
乾留　128

気候変動　22 ⇒ climate change
キシラン　106, 173 ⇒ xylan
キシリトール　173 ⇒ xylitol
キシルロース　174 ⇒ xylulose
キシロース　179 ⇒ xylose
キシロオリゴ　109
気体燃料　19 ⇒ gaseous fuel
木の酒　188
急速熱分解　133 ⇒ fast pyrolysis
キラルネマチック（コレステリック）配列　85 ⇒ chiral nematic (cholesteric) arrangements
希硫酸法　144

クラーソン法　142
クラフトリグニン　91
グラフト共重合　81　セルロース系ポリマーアロイのうち，セルロース鎖を骨格（"幹"）とし，側鎖（"枝"）として別のポリマー鎖を共有結合で直接連結（枝接ぎ）させる方法。
クラフト蒸解　91
グリーンウォッシュ　47
グリコールリグニン　100　リグニンの多様性の問題を植物種の限定で制御し，グリコール系の薬液を用い変質を制御することで生産される，機能性のリグニン系工業用素材。
グルクロノキシラン　106
グルコース　179 ⇒ glucose
グルコマンナン　106

クレゾール 136 ⇒ cresole

ゲノム編集 68 ⇒ genome editing
嫌気性消化 190 ⇒ anaerobic digestion: AD
建設発生木材 36 ⇒ construction derived wood residues
建築用材料 18 ⇒ building materials

高温高圧水 153 ⇒ high-pressure and high-temperature water
高機能 98
工業リグニン 90 本書ではリグニン誘導体のなかでも工業的に得られるものを"工業リグニン"とした。⇒ technical lignin
光合成 53
工場残廃材 8 ⇒ industrial residual wastes
工場残材 35
合成ガス 139 ⇒ synthesis gas
構造選択的 95
酵素糖化 179 ⇒ enzymatic saccharification
高付加価値 98
高付加価値材料 98
酵母 185 ⇒ yeast
広葉樹 11 ⇒ hardwood
コーンストーバー 8 ⇒ corn stover
呼吸 53
黒液(パルプ廃液) 37 化学パルプであるクラフトパルプを製造する際, リグニンを化学的に分解, 溶出する工程(蒸解)から発生する廃液のこと。
黒炭 129
木口面 14 ⇒ transverse section (cross section)
古細菌(アーキア) 189 ⇒ Archaea
古紙 37
固体燃料 18 ⇒ solid fuel

固定床 122 ⇒ fixed bed

【さ 行】

再生可能な資源 29 ⇒ renewable resources
採種穂園 64 ⇒ seed orchard/scion garden
再生可能エネルギーの固定価格買取制度 35 ⇒ Feed-in Tariff: FIT
再造林 31 ⇒ reforestation
細胞壁 15 ⇒ cell wall
材料代替効果 32 ⇒ material substitution effect
酢酸生成 190 ⇒ acetogenesis
酢酸分解型 189 ⇒ aceticlastic
里地里山 25 ⇒ satoyama landscape
サルファイト蒸解 92
酸加水分解 141
酸加水分解リグニン 91, 94
酸加溶媒分解 100
酸処理 182 ⇒ acid treatment

J-クレジット制度 52
資源の枯渇 22 ⇒ depletion of resources
次代検定 62 ⇒ progeny test
湿式ミリング処理 188 ⇒ wet-type milling
ジベレリン 65 ⇒ gibberellin
集材機 40 ⇒ yarder
樹冠 12 ⇒ crown
樹幹 12 ⇒ stem
循環利用 98
純生産量 53
蒸気タービン 123 ⇒ steam turbine
蒸煮・爆砕処理 156 ⇒ steam explosion treatment
ショーラー法 144
植物ホルモン 65 ⇒ phytohormone
シリンガ酸 205 ⇒ syringic acid
心材 13 ⇒ heartwood

索　引　　　　　　　　　　　　　　　　225

針葉樹　11 ⇒ softwood
森林資源利用率　32 ⇒ utilization ratio of forest resources
森林蓄積　29 ⇒ growing stock, stand volume
森林面積　29 ⇒ forest area

水源かん養機能　25 ⇒ water source irrigation
水質汚染　22 ⇒ water pollution
水素栄養型　189 ⇒ hydrogenotrophic
水素結合　75, 136, 147, 153, 171 ⇒ hydrogen bond
水素発酵　193, 195 ⇒ hydrogen fermentation
水熱ガス化　148
スイングヤーダ　41 ⇒ swing yarder
スターリングエンジン　123 ⇒ Stirling engine
ストーカ　122 ⇒ stoker

精英樹　62 ⇒ plus-tree
生産集団　61 ⇒ production population
生産速度　54
生産目標　60
製炭　128
成長量　55
静電安定化　86 ⇒ electrostatic stabilization
生物多様性　22 ⇒ biodiversity
成分分離　162 ⇒ separation of components
接触水素化分解　151
接線断面　14 ⇒ tangential section
セルラーゼ　183, 187 ⇒ cellulase
セルロースエーテル　78, 79, 87 ⇒ cellulose ether
セルロースエステル　77, 80, 87 ⇒ cellulose ester
セルローストリアセテート　110

セルロースナノウィスカー　84 ⇒ cellulose nanowhiskers: CNW
セルロースナノクリスタル　84 ⇒ cellulose nanocrystals: CNC
セルロースナノファイバー　71, 81, 85　セルロース繊維を微細化したもので，ナノサイズの直径に対して 100 倍以上の長さを有する繊維状物質。⇒ cellulose nanofiber: CNF
セルロースミクロフィブリル　15, 71　セルロース分子の束。⇒ cellulose microfibril
セルロース誘導体　80
繊維強化材　102 ⇒ fiber reinforced plastics: FRP
遷移後期樹種　54
遷移初期樹種　54
前加水分解処理　87 ⇒ prehydrolysis
全幹集材　39 ⇒ tree length logging
線熱膨張係数　73 ⇒ coefficient of thermal expansion: CTE
全木集材　39 ⇒ full tree logging

総光合成生産量　53
相分離系変換システム　95
素材生産　30 ⇒ logging, log production

【た　行】

タール　139 ⇒ tar
大気汚染　22 ⇒ air pollution
耐蟻性　167 ⇒ termite resistance
大径化　35
代謝　204 ⇒ catabolism
多環芳香族炭化水素　136 ⇒ polyaromatic hydrocarbon: PAH
立木価格　31 ⇒ stumpage price
脱メチル化　207 ⇒ demethylation
タワーヤーダ　41 ⇒ tower yarder
短幹集材　39 ⇒ short wood logging
炭化　128

炭素繊維強化材 102 ⇒ carbon fiber reinforced plastics: CFRP
炭素貯蔵量 51
炭素貯留効果 29, 32 ⇒ effect of carbon storage
炭素負債 32 伐採直前の森林の蓄積を基準とし，伐採して減少した森林の炭素量。⇒ carbon debt
炭素物質循環 21 ⇒ carbon cycle

チェーンソー 39 ⇒ chainsaw
置換度 76, 113 ⇒ degree of substitution: DS
地球環境問題 22 ⇒ global environmental issues
蓄積 54
竹炭 130
チップ化 119 ⇒ chipping
超臨界水 147 ⇒ supercritical water
超臨界メタノール 150
超臨界流体 146, 153 臨界温度を超え，気液平衡が消失した非凝縮性の流体。⇒ supercritical fluid
直鎖型高分子 96
直鎖性 95
直接燃焼 117 薪などの木質燃料を調理，照明，暖房などに利用するような，燃料を燃やす操作。⇒ direct combustion

定置式破砕機 43 ⇒ stationary chipper
適地適木 58
伝導度滴定法 86 ⇒ conductometric titration

糖アルコール 175 ⇒ sugar alcohol
統合バイオプロセッシング法 187 ⇒ consolidated bio-processing: CBP
同時糖化発酵法 187, 194 ⇒ simultaneous saccharification and fermentation: SSF
特定母樹 62 ⇒ specified mother tree

土壌汚染 22 ⇒ soil pollution
土壌養分条件 58
土地利用 23, 50 ⇒ agriculture, forestry and other land use
土地利用，土地利用変化および林業 50 ⇒ land use, land use change and forestry: LULUCF
土地利用および土地利用変化 50 ⇒ land use and land use change: LULUC
トレファクション 131 半炭化 ⇒ torrefaction

【な 行】

ナノコンポジット 86 ナノサイズフィラーを含有する複合材料。⇒ nanocomposites
難燃性 166 ⇒ fire resistance

二相分離系 95
乳酸菌 193 ⇒ Lactobacillus 属，Streptococcus 属，Leuconostoc 属等
乳酸発酵 193 ⇒ lactic acid fermentation

熱安定性 97
熱重量測定 134 ⇒ thermogravimetric analysis: TGA
熱溶融性 95
熱流動 97
燃焼速度 120 ⇒ combustion rate

濃硫酸法 142

【は 行】

ハーベスタ 40 ⇒ harvester
バイオエコノミー 33, 193 ⇒ bioeconomy
バイオエタノール 141, 155, 184 バイオマスから得られる糖類をエタノール発酵することによって得られるエタノール。⇒ bioethanol

索　引

バイオオイル　137　木材構成成分の熱分解物である無水糖，有機酸，リグニン由来モノマーおよびオリゴマーなどが液状になったもの。15 ～ 30.% の水を含む。⇒ bio-oil
バイオテクノロジー　65 ⇒ biotechnology
バイオプラスチック　80　再生可能な生物由来資源を原料とする"バイオマスプラスチック"と微生物等の働きによって水と二酸化炭素にまで分解される"生分解性プラスチック"の総称。
バイオマス　7　生物を意味する「バイオ（bio）」と量を意味する「マス（mass）」からなる言葉であり，「生物現存量」または「生物量」と訳される。生態学分野では，一定空間内に現存する植物や動物などの生物有機体の総量を意味している。しかしながら現在では，この生態学上の意味を超えて資源的な意味も含ませ，様々な廃棄物も含めた生物有機体全般のことをバイオマス（あるいはバイオマス資源）と呼ぶことが多い ⇒ biomass
バイオマスプラスチック　110
バイオマス対応型フォワーダ　44 ⇒ forwarder for biomass
バイオリファイナリー　163, 179　木質バイオマスの成分を分離すること，あるいは分離された成分をさらに別の化合物へと変換させること。⇒ biorefinery
バイオ炭　130 ⇒ biochar
バガス　8 ⇒ bagasse
白炭　129
バニリン　164, 176 ⇒ vanillin
バニリン酸　164, 204 ⇒ vanillic acid
パルプ化　91
パルプ廃液　8 ⇒ pulp waste liquor
半合成高分子　76, 110
半炭化　131　質量減少を極力抑えるため，250 ～ 350 ℃程度の熱分解初期領域で行う炭化。⇒ torrefaction

バンドリングマシン　44 ⇒ bundling machine
反応性　75, 92, 97, 110, 112, 113

非可食性バイオマス　8 ⇒ non-edible biomass
火格子　122 ⇒ grate
非晶　97
Pickeringエマルション　74 ⇒ Pickering emulsions
5-ヒドロキシメチルフルフラール　164 ⇒ 5-hydroxymethylfurfural
ヒドロキシ基　74, 75, 76, 79, 81, 82, 91, 92 ⇒ hydroxy group

フェノールスイッチング機能　98
フェノール-ホルマリン樹脂　92
フォワーダ　42 ⇒ forwarder
不均一性　76, 77
複素誘電率　169
物理ゲル　88 ⇒ physical gels
物理的前処理　181 ⇒ physical pretreatment
ブドウ糖　21 ⇒ glucose
フラン樹脂加工木材　173
フルフラール　164, 173 ⇒ furfural
プロセッサ　40 ⇒ processor
ブロック的置換セルロース誘導体　79
プロピレンカーボネート　160 ⇒ propylene carbonate: PC
分子設計　95, 96
分離加水分解発酵法　186 ⇒ separate hydrolysis and fermentation: SHF
噴流床　122 ⇒ entrained flow bet

平均連年成長量　55 ⇒ mean annual increment: MAI
PEG改質リグニン　101
ペクチン　66, 109 ⇒ pectin
ヘミセルロース　15, 72, 106 ⇒

hemicellulose
ペレットストーブ 121 ⇒ pellet stove
ペレット化 119 ⇒ pelletizing
辺材 13 ⇒ sapwood

芳香環開裂 207 ⇒ aromatic ring cleavage
放射断面 14 ⇒ radial section
北海道法 143
ポリエチレングリコール 100 ⇒ polyethylene glycol: PEG
ポリマーブレンド 80 セルロース系ポリマーアロイのうち，溶液あるいは溶融状態にて異種高分子を(物理的に)混合する方法。
ホロセルロース 72 ⇒ holocellulose

【 ま 行 】

マイクロ波 167
前処理 163, 179 ⇒ pretreatment
薪ストーブ 120 ⇒ wood stove
柾目面 14 ⇒ radial section
マジソン法 145
マテリアル資源 17 ⇒ material resource
マトリックス樹脂 102
丸太価格 31 ⇒ log price

ミクロフィブリル傾角 73 ⇒ microfibril angle

無花粉 67 ⇒ pollen free
無水糖 137 ⇒ anhydrosugar

メタン 19, 23, 136, 139, 189 ⇒ methane
メタン生成 190 ⇒ methanogenesis
メタン生成菌 189 ⇒ methanogens
メチル栄養型 189 ⇒ methylotrophic

木材需要 30 ⇒ timber demand
木材の液化 159
木材のフェノール化 159

木酢液 137 ⇒ wood vinegar
木質バイオマス 11 バイオマスのうち，針葉樹，広葉樹，タケ類，ヤシ類などに由来するもの ⇒ woody biomass
木炭 128 ⇒ charcoal
モノリグノール 67 ⇒ monolignol
モル置換度 79, 83 ⇒ molar substitution: MS

【 や 行 】

有機ランキンサイクル 123 ⇒ organic Rankin cycle: ORC
優良品種 63 ⇒ superior variety

溶解パルプ 87 ⇒ dissolving pulp
溶媒可溶性 95

【 ら 行 】

ライフサイクルアセスメント 46 製品やサービスのライフサイクル全般(生産，流通，使用，および寿命の末期段階)に関する潜在的な環境への影響を定量的に評価する手法。⇒ life cycle assessment: LCA
ラジカル架橋 88 ガンマ線などの電磁波照射により主鎖上にラジカルを発生させて進行する架橋。⇒ radical crosslinking

リグニン 15, 72 ⇒ lignin
リグニンスルホン酸 176 ⇒ lignosulfonates
リグノスルホン酸 91, 92, 93
リグノフェノール 94 植物細胞壁中の天然リグニンの主鎖の β-O-4 型アリールエーテル結合を主骨格として，フェノール誘導体を高頻度かつ選択的に側鎖Cα位に C-C 結合を介して導入したフェノール性の直鎖型リグニン誘導体高分子
立体安定化 86 ⇒ steric stabilization
立体異性体 205 ⇒ stereoisomer

リニューアブル 9 ⇒ renewable
粒子状物質 121 ⇒ particulate matter
流動床 122 ⇒ fluidized bed
臨界点 153 ⇒ critical point
林地残材 34 ⇒ logging residues
林内作業車 42 ⇒ mini forwarder
林木育種 61 ⇒ forest tree breeding

冷苛性ソーダ抽出 87 ⇒ cold caustic extraction: CCE
レブリン酸エステル 160
レベルオフ重合度 84 ⇒ level-off degree of polymerization: LODP
レボグルコサン 135 ⇒ levoglucosan

Wood Science Series 10 Biomass
edited by Hisashi Miyafuji, Haruo Kawamoto, Shinya Kajita and Ichiro Kamei

モクザイカガクコウザ10　　バイオマス
木材科学講座10　バイオマス

本書web

発行日：2025年3月25日 初版第1刷
定　価：カバーに表示してあります
編　者：宮　藤　久　士
　　　　河　本　晴　雄
　　　　梶　田　真　也
　　　　亀　井　一　郎
発行者：田　村　由　記　子

株式会社 海青社
Kaiseisha Press

〒520-0026 大津市桜野町1-20-21
Tel. (077) 502-0874 Fax (077) 502-0418
https://www.kaiseisha-press.ne.jp

© H. Miyafuji, H. Kawamoto, S. Kajita, I. Kamei, 2025.
ISBN978-4-86099-070-1 C3350 Printed in JAPAN. 印刷・製本：モリモト印刷株式会社
乱丁落丁はお取り替えいたします。

本書のコピー、スキャン、デジタル化等の無断複製は著作権法上での例外を除き禁じられています。
本書を代行業者等の第三者に依頼してスキャンやデジタル化することはたとえ個人や家庭内の利用でも著作権法違反です。

◆ 海青社の本・冊子版・電子版同時発売中 ◆

木材科学講座1 概論 森林資源とその利用法
阿部 勲・作野友康 編

深刻な資源と環境の問題は、再生が可能で環境に優しい森林資源の利用によって、可能となるのではないか。本書は森林、木材と日常生活との係わり、未来資源としての木材の可能性などを述べた概論書。
〔ISBN978-4-906165-59-9/A5判/199頁/定価2,046円〕

木材科学講座2 組織と材質 第2版
古野 毅・澤辺 攻 編

樹木の形成から、針葉樹材・広葉樹材の細胞の種類と構成、あて材・節などの異常組織、付録では樹種の識別やプレパラート作成など、木質の組成について豊富な図・写真とともに解説。好評教科書の改訂版。
〔ISBN978-4-86099-279-8/A5判/190頁/定価2,030円〕

木材科学講座3 木材の物理 改訂版
石丸 優・古田裕三・杉山真樹 編

木材の密度、水分特性、収縮性、熱特性、音響特性等の物理的特性と、力学的特性について解説。2017年に木材物理学分野の研究の進展にあわせて全面的に内容を改変した「木材の物理」の改訂版。
〔ISBN978-4-86099-418-1/A5判/209頁/定価2,090円〕

木材科学講座4 木材の化学
川田俊成・伊藤和貴 編

木材化学の基礎的事項を網羅。和・英から検索できる索引、豊富な用語解説、充実した図表・化学構造式は便利。日本を代表する研究者26名による、読者目線で書かれた初学者必携の書。1993年版「化学」の全訂版。
〔ISBN978-4-86099-317-7/A5判/256頁/定価2,100円〕

木材科学講座5 環境 第2版
高橋 徹・鈴木正治・中尾哲也 編

本書では人間の五感(視・聴・触・味・嗅)に対する効果、住宅建材・家具材料としての木材の特性や木造住宅の音響特性など、日常生活や居住環境における木材の効能・機能などについて解説する。
〔ISBN978-4-906165-89-6/A5判/164頁/定価2,030円〕

木材科学講座6 切削加工 第2版
番匠谷薫・奥村正悟・服部順昭・村瀬安英 編

プレカット・工具の定義など新規の項目を追加し、最新の情報を盛り込んだ全訂版。全編にわたり加筆・修正し、40頁を増頁した。索引には用語解説を加え、さらにわかりやすくした。木材加工に関わる技術者・研究者必携の書。
〔ISBN978-4-86099-228-6/A5判/188頁/定価2,024円〕

木材科学講座7 木材の乾燥 Ⅰ基礎編 Ⅱ応用編
信田 聡・河崎弥生 編

木材の加工・利用に際し必須の乾燥技術を詳述。本書は技術史・研究史、乾燥技術の基礎から実務までを紹介。付録に含水率・発熱量等データ集、乾燥スケジュール表。研究者、技術者、必携の書。2分冊。
〔ISBN978-4-86099-375-7/376-4/定価1,760円・2,200円〕

木材科学講座8 木質資源材料 改訂増補
鈴木正治・徳田迪夫・作野友康 編

本書では木質資源として利用する際の木材の特性や改良方法、木質資源材料として集成材、LVL、パーティクルボード、WPC、ファイバーボードなどの製造方法、新素材や新用途などについても解説。
〔ISBN978-4-906165-80-3/A5判/217頁/定価2,090円〕

木材科学講座9 木質構造
有馬孝禮・高橋 徹・増田 稔 編

本書では、木質構造の架構の基本から、木造軸組構法などの代表的な構法の施行や特性、実際の設計方法や考え方などについて、建築基準法の改正や品確法など最新のトピックスも含めて解説する。
〔ISBN978-4-906165-71-1/A5判/302頁/定価2,515円〕

木材科学講座11 バイオテクノロジー
片山義博・桑原正章・林 隆久 編

本書では、細胞培養工学、遺伝子導入の基礎や屋外実験、主要成分の分解と変換による木質成分の変換キノコの育種や有用種の開発など、樹木のバイオテクノロジー側面からの利用について解説した。
〔ISBN978-4-906165-69-8/A5判/197頁/定価2,090円〕

木材科学講座12 保存・耐久性
屋我嗣良・河内進策・今村祐嗣 編

本書では、木材の長期利用およびそれに伴うリスクなどについて、森林学、微生物学、昆虫学、生化学、木材化学、木材構造学および建築学など、広範な領域にまたがる木材保存学の観点から解説する。
〔ISBN978-4-906165-67-4/A5判/223頁/定価2,046円〕

＊表示価格は10％の消費税込です。電子版は小社HPで販売中。